普通高等教育鞋类设计专业系列教材

运动鞋款式结构与表现

杨志锋　编著

中国轻工业出版社

图书在版编目（CIP）数据

运动鞋款式结构与表现 / 杨志锋编著. — 北京：
中国轻工业出版社，2023.10
　　ISBN 978-7-5184-4416-8

　　Ⅰ.①运… Ⅱ.①杨… Ⅲ.①运动鞋—结构设计
Ⅳ.①TS943.74

　　中国国家版本馆CIP数据核字（2023）第071266号

责任编辑：陈　萍　　责任终审：李建华　　整体设计：锋尚设计
策划编辑：陈　萍　　责任校对：晋　洁　　责任监印：张　可

出版发行：中国轻工业出版社（北京东长安街6号，邮编：100740）
印　　刷：艺堂印刷（天津）有限公司
经　　销：各地新华书店
版　　次：2023年10月第1版第1次印刷
开　　本：787×1092　1/16　印张：13
字　　数：280千字
书　　号：ISBN 978-7-5184-4416-8　定价：59.00元
邮购电话：010-65241695
发行电话：010-85119835　传真：85113293
网　　址：http://www.chlip.com.cn
Email：club@chlip.com.cn
如发现图书残缺请与我社邮购联系调换
210630J1X101ZBW

前　言

目前，我国鞋业发展已从加工型转向品牌经营，逐步由国内品牌向国际品牌转变，并取得了一定成绩，但在向国际品牌转变的同时，各大企业发现自己的竞争力不足，在国际市场上总处于被动地位，问题就是自身产品的同质化、附加值不高所造成的。而去除产品同质化、提高产品附加值最有效的手段，就是提高自己的设计水平。二十大会议制定了行动纲领和大政方针，动员全党全国各族人民坚定历史自信、增强历史主动，守正创新、勇毅前行，继续统筹推进"五位一体"的总体布局、协调推进"四个全面"的战略布局，继续加强中国制造2025以及工业4.0等智能制造的发展，而这些同样离不开创意设计。

鞋类设计总离不开对其设计构思的推敲与选择，当然也离不开设计方法的应用和楦型的研究。因此，表达鞋类设计构思的鞋类效果图和设计方法也逐渐被越来越多的设计师所重视，而市场上此类书籍并不多，且大部分都是与皮鞋、女鞋相关的内容，详细介绍运动鞋效果图表现和设计方法的书籍几乎没有，在此背景下，笔者以各种运动鞋的造型设计和表现为核心，从脚、楦、鞋之间的关系入手，分析了各种运动鞋的款式结构特点、款式结构与表现，并通过设计案例阐述设计过程。本书内容丰富，结构合理，语言简练、流畅，图文并茂。全书内容包括：脚、楦与鞋的结构，运动鞋款式结构与表现，运动鞋效果图表现技法，运动鞋款式结构特点与运动鞋设计案例解析等。通过案例教学的方式来编写，并在案例设计中融入中国传统文化元素，力求让读者通过有限的篇幅学习尽可能多的知识。本书中鞋的款式设计体现了民族文化自信与中国风设计风格，希望能给更多的学习者和从业者提供一定的借鉴。

本书第6章至第9章为运动鞋款式结构设计案例，网球鞋与低帮篮球鞋相似度较高，因此没有将网球鞋作为独立的章节进行编写。本书通过案例分析，对鞋类产品表现技巧进行了归纳。编写力求资料全面、完整和丰富，风格多样，希望能对今天和未来的设计师、工程师有所帮助。同时，由衷希望同行对不尽完善之处加以补充，使内容更加完整、丰富。

在此，向泉州师范学院、泉州轻工职业学院、惠州学院、温州大学、三明学院、闽南理工学院、泉州职业技术大学、泉州黎明职业大学、广州番禺职业技术学院、温州职业技术学院、重庆工贸职业技术学院、浙江工贸职业技术学院、泉州纺织服装学院和泉州华光职业学院等兄弟院校教师的帮助与支持表示感谢。

编者能力有限，书中难免有疏漏之处，敬请各位同行和广大读者对本书多提宝贵意见，以便日后进行修订。

杨志锋

2023年6月于泉州师范学院

目　录

绪　论

0.1　手绘效果图的含义 ……………………………………………………………… 1

0.2　手绘效果图快速表达的重要性 ………………………………………………… 2

0.3　鞋样设计与快速手绘表达 ……………………………………………………… 3

0.4　如何学习手绘 …………………………………………………………………… 5

1　脚、楦与鞋的结构

1.1　脚的结构形态 …………………………………………………………………… 8

1.2　楦与鞋的关系 …………………………………………………………………… 10

1.3　运动鞋的结构 …………………………………………………………………… 12

1.4　运动鞋的分类 …………………………………………………………………… 14

2　运动鞋鞋底结构与绘制

2.1　跑鞋鞋底结构与绘制 …………………………………………………………… 17

2.2　网球鞋鞋底结构与绘制 ………………………………………………………… 20

2.3　篮球鞋鞋底结构与绘制 ………………………………………………………… 24

2.4　休闲运动鞋鞋底结构与绘制 …………………………………………………… 25

2.5　户外运动鞋鞋底结构与绘制 …………………………………………………… 29

3　运动鞋手绘线稿绘制

3.1　跑鞋手绘线稿绘制 ……………………………………………………………… 31

3.2　网球鞋手绘线稿绘制 ·· 35

3.3　篮球鞋手绘线稿绘制 ·· 40

3.4　休闲运动鞋手绘线稿绘制 ······································ 43

3.5　户外运动鞋手绘线稿绘制 ······································ 46

4　运动鞋局部造型绘制

4.1　运动鞋后视图的绘制 ·· 51

4.2　运动鞋俯视图的绘制 ·· 54

4.3　运动鞋透视图与三视图表现 ···································· 55

4.4　运动鞋结构爆炸图与人机视图表现 ······························ 60

4.5　运动鞋剖面图原理与绘制 ······································ 66

5　鞋样效果图表现技法

5.1　鞋样素描表现技法 ·· 71

5.2　鞋样彩色铅笔表现技法 ·· 73

5.3　鞋样水粉表现技法 ·· 76

5.4　鞋样马克笔表现技法 ·· 81

5.5　鞋样综合表现技法 ·· 85

5.6　鞋样材料质感的表现 ·· 92

5.7　鞋样电脑辅助表现 ·· 97

6　休闲运动鞋款式结构特点与表现

6.1　休闲运动鞋的特点 ··· 104

6.2　休闲运动鞋的款式结构特点 ··································· 113

6.3　休闲运动鞋的款式结构与表现 ……………………………………… 119

7　跑鞋款式结构特点与表现

7.1　跑鞋的特点 …………………………………………………………… 127

7.2　跑鞋的款式结构特点 ………………………………………………… 137

7.3　跑鞋的款式结构与表现 ……………………………………………… 140

8　篮球鞋款式结构特点与表现

8.1　篮球鞋的特点 ………………………………………………………… 146

8.2　篮球鞋的款式结构特点 ……………………………………………… 157

8.3　篮球鞋的款式结构与表现 …………………………………………… 160

9　户外运动鞋款式结构特点与表现

9.1　户外运动鞋的特点 …………………………………………………… 166

9.2　户外运动鞋的款式结构特点 ………………………………………… 174

9.3　户外运动鞋的款式结构与表现 ……………………………………… 177

附录1　设计案例解析 ……………………………………………………… 184

附录2　作品欣赏 …………………………………………………………… 188

绪 论

0.1 手绘效果图的含义

手绘效果图是徒手画出来的手绘设计表现图，又称手绘效果图表现技法。所谓"徒手"即直接用手和笔快速地进行一些草图或者是相对工整的图面表达。徒手设计的快速表达是设计中的一个重要环节，目的是快速地表达和记录设计师的构思过程、设计理念。快速表达的技巧越熟练越能记录更多的思维形象，并以其便捷的特点，快速捕捉设计师瞬间的创作灵感，也是一个设计师职业水准的最直接、最直观的反映，能够体现设计师的综合素质。如图0-1所示为电脑手绘表达。

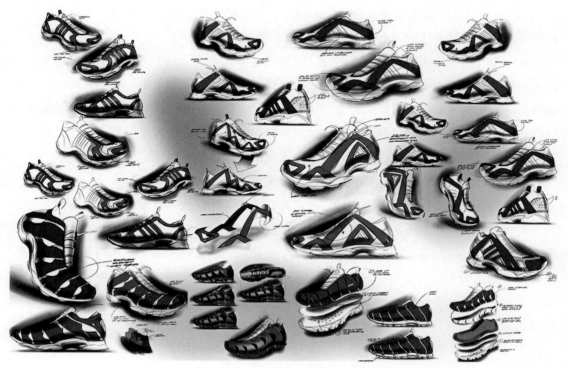

图0-1 电脑手绘表达

0.2　手绘效果图快速表达的重要性

设计师练习快速表达，除作为锻炼和提高造型能力与积累素材之外，还能增强对造型艺术的敏感度，让设计思维更加活跃。更重要的是不断地通过徒手表达来提高艺术素养，它也是一种便捷合理有效的设计方式以及必须经过的一种设计过程。在这个过程中，可以研究、分析艺术的表现形式与内容，检验和推理产品设计的合理性，因此，徒手快速表达对于从事设计专业的人员来说，在实际应用中起着至关重要的作用。快速徒手设计表达是设计师灵感的瞬间闪现，有时寥寥几笔就能生动地刻画出设计构思的精髓，在方案创作的初始阶段，更加需要用快捷的草图来诠释设计和思维，以便在初级阶段就可以解决问题、完善方案，如果这时采用慢速画法，就会束缚思路，甚至会使创作思路凝固或窒息。正如吴冠中所说："速写写形、写神、写情，捕捉素材、捕捉感受、捕捉构思构图。"建筑大师包豪斯也曾说："艺术家、设计师就是高级工匠。"但是每一位艺术家设计师都必须具备手绘速写快速表达的基础，也正是在动手快速表现的技巧中蕴涵着创造力最初的源泉。

当今社会的文明程度越来越高，设计师的服务方式并不能仅满足于电脑效果图的表现，大众的审美趣味也将会成为社会的"主流文化"。因此，对设计师的专业能力也提出更高的要求，要求设计师必须在短时间内快速完成设计来满足客户需求。"笔墨当随时代"，快速徒手设计表达也要适应时代的潮流，它也将终究成为一个好设计师必须的、应用最多的一种设计方式或设计表现形式。

在运用计算机绘图之前，所有的设计效果图全部是采取手绘的方式。手绘设计效果图作为一种传统表现手段，一直沿用至今，一直保持着自己应有的地位，并以其强烈的艺术感染力向人们传递着设计思想、理念以及设计情感。设计师在追求和完善自身素质加强设计语言表达的今天，手绘这种表达形式也越来越得到重视。手绘效果图并非仅仅是传递设计语言和信息的媒介方式，也是设计师综合素质的集中反映，因此它无论是在今后产品设计教育，还是在设计师的实际操作中都显得至关重要。

徒手设计表现图在我国发展很快，在广州、上海等地，大多数设计师都十分重视徒手设计表达，也在进行积极地运用和探讨。比如徒手设计表现在产品、建筑、室内、园林、景观等领域已经得到了广泛的运用，它们除了一些工作创意草图作为工作内部交流以外，也有相对细致的手绘直接与甲方交流，这样既便于近距离的沟通，也便于便捷地完善和修改，完全体现了徒手设计表现图在设计交流中的优势，同时也增加了甲方对设计师素质和修养的美誉度，可以说徒手设计表现给设计师带来的是工作和提升的双重效应。

0.3　鞋样设计与快速手绘表达

鞋样设计属于产品设计范畴。工业设计使用产品最终能实现人—产品—环境的协调。鞋样表现技法是产品设计的语言，当然也是设计师表达创意的必备技能。如果以表现技法所需时间长短来区分，鞋样表现技法可分为表现时间较长的计算机3D表现、写实效果图表现和相对表现时间较短的快速手绘草图、快速手绘展示效果图。通常设计师要想把产品创意快速、合理、准确地表现出来，必须具备快速表达的基本素质（快速手绘表达首先强调表达时间的高效性，其次强调通过工具用手表达的直接性）。

0.3.1　鞋样快速表达的目的与要求

（1）鞋样快速表达的目的

快速手绘表达的对象往往是工业产品，因此也称为产品快速表达，它的首要目的是表达设计构思，即从抽象思维转化为图解推敲的过程（思维的图形化）。因此，只要掌握了这种传达"形"的符号语言，设计思路的连贯、创意的可实施性才不会受到制约。

快速表达的另一个目的是记录和收集资料。正因为快速表达的"快"及易记录性，通过对优秀的设计素材及作品进行记录的过程，可以加深对时代造型语言的及时把握，丰富、充实设计师的设计语汇。

快速表达还是提高设计师修养的途径。快速表达效果图作为传达"形"的专门语言，具备了许多造型设计艺术的共有特征，如整体统一、色彩协调等，产品快速表达从视觉感受上建立设计者与相关人员之间的联系，有助于设计师广泛认识设计、深入了解产品市场，这些都能综合提高设计师的整体素质。

（2）鞋样快速表达的要求

优秀产品的快速表达作品应客观准确地传达产品设计的形态、比例、色彩、质感等，要求有准确严谨的透视角度，协调客观的色彩搭配关系和流畅的笔法组合。同时，在快速效果图的绘制中，并不排斥艺术渲染性的夸张与对比，以达到赏心悦目的现代表现艺术技法的娴熟。

0.3.2　鞋样快速表达的分类与应用

按照鞋样快速表达的用途分类，可分为设计素材、灵感的记录、方案推敲的快速手绘草图（设计草图），用于产品效果展示的效果图，以及用于生产的结构分析图（生产图），结构分析图是对设计草图和效果图的理性分析。手绘快速表达相对于其他表达形式来说是最快的基本形式。在方案构思阶段，手绘草图表现一般不用太多的修饰和过多的细节，在设计实践中，从构思的展开到设计完成，每一个设计过程都离不开不同形式、不同深度的设计表现图。

（1）设计草图

设计者在进行创作之前，头脑中的灵感和想法有时就像火花一样稍纵即逝。所以设计草图的作用是尽可能快地把头脑中的灵感或想法记录下来。在勾勒草图的阶段，细节不要完整，只需轮廓、式样等内容，如图0-2所示。

图0-2　设计草图

（2）设计效果图

鞋类效果图是在设计草图的基础上将设计具体化、完善化，并将鞋靴的最终效果以绘画的形式展现出来的一种表现形式，其目的在于将立体的鞋在平面上得以形象地展示，追求一目了然的视觉效果，如图0-3所示。

图0-3　设计效果图

（3）设计结构图

设计结构图也可以说是工程图，是对设计草图和效果图的理性分析。它是用于指导生产制作的直接依据，并影响着鞋靴的完成质量。因此，设计结构图的绘制必须严谨、清晰、合理，如图0-4所示。

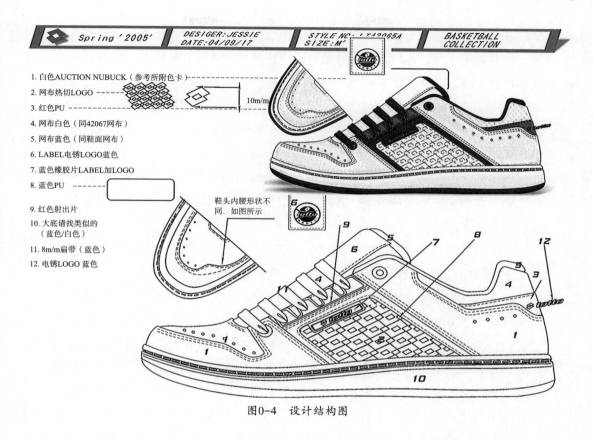

图0-4 设计结构图

0.4 如何学习手绘

　　学习手绘要树立正确的学习观念和具备良好的学习态度。首先，在平时的生活和学习中就要养成画速写的习惯，通过大量的速写及设计草图的训练，开启"智慧之门"，通过"设计草图""鞋样速写"等快速表达技法，培养设计意识和能力，设计表达是设计师最常用也是最实用的技巧，但不能因为"草"与"快"就被误认为是"潦草""粗糙""浮浅"等，因此，大量的速写和设计草图训练是非常必要的。只有勤学苦练、持之以恒，才能练就一手反应敏捷、造型准确、线条简练、概括性强的速写基本功。循序渐进是学习快速表达的重要方法，在学习的过程中克服急躁的心理，遵循科学的学习方法：先基础，后创造，急于求成是不能够真正学好手绘技法的。

学习速写与手绘效果图的方法分为三个阶段：

第一学习阶段：临摹练习

　　大量的临摹。主要是进行运动产品造型及色彩的临摹（如运动产品设计作品照片，优秀的鞋样表现图等，无论是从书上看到的或是从网上下载的都可以，临摹的主要目的就是去感悟，加深对产品造型、结构、色彩等的印象，学习表现技巧，提高表达能力，这一阶段十分重要，但也是非常乏味和枯燥的，要做到不厌其烦地进行练习。并且要有"量"的积累）。

要有选择地表现出风格和款式，使之与整个空间的装饰相互协调。作为徒手表现，要对一些常用的运动产品造型、陈设的款式做到心中有数，并可以信手拈来，要不断地搜集一些新的陈设资料，以便运用。

线条的训练和组合。作为手绘表现，线条的运用非常重要，线条是灵魂和生命，要经常画一些不同的线条，并用它来组合一些不同的形体，线条的好坏直接反映手绘水平的高低。

第二学习阶段：掌握效果图的表现方法

作为初学者来说，应先进行色彩方面的临摹，学习色彩搭配和上色技法。手绘表现的上色方法和绘画方面的不一样，其有着自己的上色方法和模式。绘画色彩十分注意物与物之间的色彩关系、物与环境之间的色彩关系，表现是从色调入手，并有很强的主观色彩，十分强调色彩的微妙变化。产品设计手绘表现图则注意产品的结构、造型，着重表现物体的"自身"特性，在刻画上从单个物体入手，注重物体的固有色、质感，让观看的人与现实中的物体和色彩产生对照或联想。用色的目的也是为了表现物体的色彩特征和质感特征，之后再将这些单个的物体和空间环境进行调和。

第三学习阶段：创造力的挖掘

这是提高阶段，在经过大量的练习之后，对空间、造型、透视、比例、线条、色彩等方面基本上把握好的前提下，要脱离临摹，要靠自己对造型及空间的想象和感受来设计自己心目中的效果。学会培养自己对产品造型的感受能力：要想画好一张表现图，首先要给予对象一个完美的存在空间，这就要求设计师注意培养自己对造型的感受能力，这种感受能力的培养要求做到三勤，即"眼勤""脑勤"和"手勤"，平时注意留意、观察、思考和总结，特别是要做到"手勤"，经常画一些设计小草图是达到"手勤"的一种好办法，如图0-5所示。

通过经常画小草图来训练自己的造型能力，培养对造型的"构架"能力，提高对造型表现的"迅速反应"能力。即使有了很好的设计和造型基础，如果没有表现出它的"美的构架式"也不能画出一幅理想的手绘表现图。

通过经常画小草图还可以提高处理画面的能力，也可以达到积累和充实"素材库"的目的。

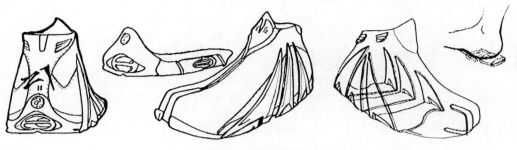

图0-5　手绘草图

　　经常画小草图还可以提高表现技巧，加强表现画面的能力，一张表现图存在着"虚实""主次"关系，一张手绘表现图有它的"关注点"，这种关注点就是主题，切不可面面俱到，或者本末倒置，这样只会是平淡无味，都画到了，就等于什么也没有画。对于设计主题要重点刻画，要让画面精彩并有亮点。在这个过程中不断完善自己的表现"语言"和表现风格，美化自己的表现个性。

　　对于初学者来说要多看书，了解中外产品造型设计的发展历史，了解大师们的设计过程、设计理念、设计风格是如何形成的。还要观摩一些优秀的设计作品，总之，应从各方面来丰富自己的设计思想，最终使自己的设计水平达到一个更高的层次。

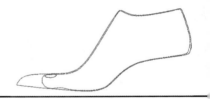

1 脚、楦与鞋的结构

鞋的形态取决于楦的形态，而楦的形态又取决于脚的形态，人类脚部的形体结构决定了鞋的基本外观造型。俗话说"量体裁衣、比脚做鞋"，可见绘制鞋子是离不开脚型和楦型的。鞋的设计与生产不是为了欣赏，作为服装的分支，鞋子起到装扮人体的作用，相对服装而言，鞋子设计的功能性要求更强，它有合脚性、安全性、生理性等要求。服装有很多可以离开身体的设计，而鞋子则不行。鞋的精度要求要比服装高很多，因此，掌握脚型和楦型的特点、规律对鞋的设计有着重要的指导意义。

1.1 脚的结构形态

（1）脚的结构

人体下肢由大腿、小腿、脚三部分组成，从制鞋需要看只需了解小腿和脚即可，一般的中低帮运动鞋和低腰鞋会涉及脚趾、脚背、脚腕、踝骨、后跟；而高帮运动鞋和长筒靴还需要涉及腿肚部分，如图1-1所示。

脚部的主要骨骼结构由趾骨、跖骨和跗骨三部分组成：趾骨共有14块，趾骨形态特征是前细后粗，侧视前端趾节骨呈三角形；跖骨共由5根组成，从脚内侧向外排列依次是第一、二、三、四、五跖骨，跖骨与趾骨之间有一定角度，从侧面看，从跖骨前端开始向后与跗骨一起形成一个弓形；跗骨由7块骨骼组成，分别是锲骨、舟状骨、股骨、距骨和跟骨，其中锲骨由脚内侧向外侧依次是第一、二、三锲骨，如图1-2所示。

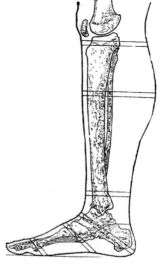

图1-1 人体下肢的结构

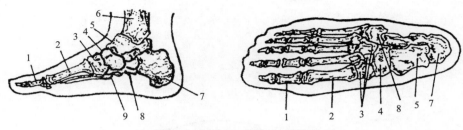

1—趾骨；2—跖骨；3—楔骨；4—舟状骨；
5—距骨；6—胫骨；7—跟骨；8—骰骨；9—第五跖骨粗隆。

图1-2　脚部的主要骨骼结构

（2）脚弓

脚弓由跖骨和跗骨组成，脚弓的结构及附着在上面的肌肉产生弹性，使人体在行走和运动时产生的冲击力得到缓解，对脚部起到缓震和保护的作用，如图1-3所示。

纵弓：内纵（距、舟状、楔和一、二、三跖骨组成）；外纵（跟、骰骨及四、五跖）。

横弓：前横（趾跖关节）；后横（楔骨和骰骨组成）。

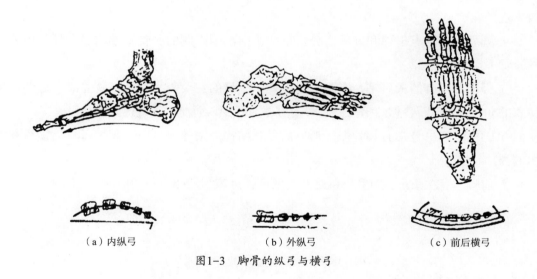

（a）内纵弓　　　　　　　　（b）外纵弓　　　　　　　　（c）前后横弓

图1-3　脚骨的纵弓与横弓

（3）脚的形态

脚是人体的重要组成部分，对人体起支撑作用。了解脚的结构之后，在进行鞋的款式设计和效果图绘制时，就要按照脚的结构特点去考量，这样设计出来的鞋才会符合脚的生理结构，才能使生产出来的鞋在使用功能和审美感受上都达到最佳效果。脚的部位名称如图1-4所示。

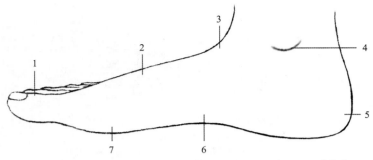

1—跖趾关节；2—脚背；3—脚腕；4—脚踝；5—脚跟；6—脚弓；7—前脚掌。

图1-4　脚的部位名称

① 跖趾关节。跖趾关节是由脚跖骨与脚趾骨形成的关节，是脚底最宽的部位，因此，楦型的肥瘦是依据跖趾关节的围长制定的，人体在运动时跖趾关节是主要的受力点。跖趾关节也是脚部活动最频繁的部位。在进行鞋类设计时，跖趾部位要求圆滑饱满，如果设计的跖趾部位过瘦，脚会由于摩擦而产生水泡或老茧，尤其是设计童鞋时更需要注意。

② 脚背。脚背也称脚跗面，呈凸起的弓状结构。

③ 脚腕。在小腿和脚背之间的拐弯位置，当把脚掌向上翘起时，该部位有明显的横纹出现。

④ 脚踝。脚踝有里踝和外踝之分。里踝是由小腿内侧的胫骨下端构成，外踝由外侧的腓骨下端构成。

⑤ 脚跟。在脚的最后端，脚跟是支撑人体重量的主要受力部位。直立时，后跟支撑体重的50%以上，随着脚的抬高，后跟受力逐渐减少，而前掌受力逐渐增加。

⑥ 脚弓。脚弓是指有脚骨骼所形成的弓状结构。按伸展方向，脚弓可分为横弓和纵弓两类。

⑦ 前脚掌。在跖趾关节和脚趾之间的底面，外表为凹凸不平的曲面。

1.2　楦与鞋的关系

鞋的造型主要由3个要素组成：鞋楦（提供基本造型）、鞋帮、鞋底。

鞋楦是鞋类生产和设计必须使用的一种母型。作为鞋母体的鞋楦是以脚型为基础的，是在脚型的基础上根据市场流行和生产需要制作的母型。鞋楦既是鞋的母体，又是鞋的成型模具，如图1-5所示。

鞋楦设计必须以脚型规律为依据，但又不能与脚型做的完全一样，鞋楦决定着鞋穿着

图1-5　鞋楦是鞋类设计的母体

的舒适性。鞋楦的设计包括：楦体头式，肉头安排，楦底样设计，楦和脚的大小形状不完全一样，脚型要比楦型小，如图1-6所示。

楦型是鞋的灵魂，它的造型也是根据流行趋势和生产不断变化的，因此鞋楦又具有一定的审美因素，鞋类设计师同时也是楦型的设计师。不同造型的鞋楦如图1-7所示。

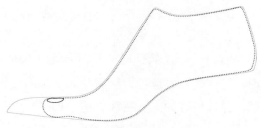

图1-6　脚型要比楦型小

楦型体现了鞋的整体风格，不仅决定着鞋的造型和式样，更重要的是决定了鞋能否穿着舒适。因此，鞋楦设计必须以脚型为基础。考虑脚与鞋之间的各种关系，如脚在静止和运动状态下的形状、尺寸、受力的变化以及鞋的品种、式样、加工工艺、辅助原材料和穿着条件，了解楦型可以更加准确地绘制鞋类效果图。

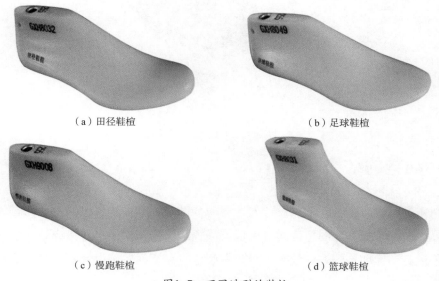

（a）田径鞋楦　　　　　　　　　　（b）足球鞋楦

（c）慢跑鞋楦　　　　　　　　　　（d）篮球鞋楦

图1-7　不同造型的鞋楦

鞋帮是鞋的门面，确定楦型后，鞋款的变化主要在于鞋帮。鞋帮的造型款式和结构安排受到楦型的制约和影响，帮面是鞋类设计中一个重要的表现舞台。

鞋底处于鞋的底部，其造型所起的作用和效果却不能轻视，它与鞋帮造型同等重要，两者相辅相成。鞋底造型随着楦型和帮面款式的变化而变化，如图1-8所示。

图1-8　楦型的变化制约着鞋底造型的变化

鞋底设计是从鞋底的厚度、底边墙的厚度、底花纹等方面进行，一款鞋设计是否合理，往往是鞋底造型、帮面款式、帮面材料和颜色和谐统一。鞋底造型烘托了鞋的整体效果，并且使鞋的穿着更加舒适，如图1-9所示。

图1-9　鞋底造型样式

1.3　运动鞋的结构

鞋的制作过程较为复杂，款式设计处于运动鞋设计的第一步，包括设计构思和设计表现两个部分，设计者要将好的想法通过表现技法表达出来，让消费者在成品未生产出来前就能够形象地看到运动鞋的大体效果。而要做到这一点，就要求设计者需要了解鞋类各个部位的结构名称。

1.3.1 鞋的结构

（1）鞋的结构名称

鞋一般由鞋底和帮面组成，帮面一般由皮革、纺织材料、商标和工艺材料等构成，而鞋底则由橡胶、EVA（乙烯·醋酸乙烯共聚物）、MD（EVA二次成型材料，英文PHYLON，俗称飞龙）、PU（聚氨酯）等材料构成，具体部件名称如图1-10所示。

1—前帮围（外头）；2—口门；3—鞋舌；4—眼片；5—脚山；
6—领口（统口）；7—后帮围（后方）；8—气垫；9—中底；10—大底。

图1-10　鞋的结构名称

（2）鞋的结构组成方式

鞋的部件一般通过缝制、胶粘组合而成，如图1-11和图1-12所示为成鞋与部件分解的对照。

图1-11　运动鞋效果图

图1-12　运动鞋结构爆炸图

1.4　运动鞋的分类

（1）篮球鞋

鞋底一般是水波纹或人字纹设计，鞋面多采用薄皮革，外形上多采用中、高帮造型，以保护脚踝，防止受伤。篮球运动员在弹跳时产生的撞击力相当于运动员的10倍体重；侧步滑动时，在脚侧的冲击力相当于运动员的2～3倍体重，所以篮球鞋要有较强的减震功能，鞋外底多采用翻胶；大底一般采用硬质橡胶，包含了60%的人造合成橡胶及40%的天然橡胶压缩而成，耐磨性极佳；中底一般采用PU、MD等具有避震保护作用的材料，如图1-13所示。

图1-13　篮球鞋

（2）网球鞋

网球鞋鞋底一般是粗水波纹设计，因网球场多为硬场地，比起篮球场，其地面更粗糙，所以耐磨的鞋底很重要，多为橡胶底。鞋帮设计多为矮帮，也有翻胶，前脚掌比较宽。网球鞋后跟底一般向内收进一个小小斜度，因运动时经常后退，鞋后跟削进一点，运动员可以调节重心，保持身体稳定。鞋底中部有架桥设计，能够加强侧面稳定性、避免扭伤，还可以起到保护脚踝的作用，如图1-14所示。

图1-14　网球鞋

（3）跑鞋

跑鞋外形上鞋头和鞋跟都有一点点翘，像个小船。前掌宽大，有足够的空间让脚趾伸展。鞋头有翻胶，跑步时产生的震荡力相当于2～3倍体重，所以跑鞋中底多采用高密度材质，常有加厚减震设计。另外，人在剧烈运动中会产生大量汗水，而脚掌是汗水堆积最多的部位，因此，跑鞋的通风透气性是非常关键的，鞋面材料多采用尼龙网布，以增加透气性，如图1-15所示。

图1-15　跑鞋

（4）足球鞋

足球鞋比较好辨认，一般足球鞋显得灵巧许多，鞋身比较瘦，比较合脚。更突出的特点是，鞋底有压模鞋钉和可转换鞋钉，适应足球场地，可提供良好的抓地能力，鞋头及鞋面车线明显，可防止变形且耐用，如图1-16所示。

图1-16　足球鞋

（5）多功能运动鞋

适合喜欢多种运动而每星期只练习几次的人士。分为两种：训练型和速度型。训练型运动鞋鞋头略翘，有翻胶，鞋面多用尼龙网布；速度型运动鞋与跑步鞋相似，如图1-17所示。

图1-17　多功能运动鞋

（6）有氧运动鞋

鞋帮一般为高帮设计，比较轻巧。鞋底纹路不深的，适合在地毯上的运动；鞋底纹较深或呈多向性的，适合在木地板上的运动，偏向于室内有氧运动时穿着，如图1-18所示。

图1-18 有氧运动鞋

（7）滑板鞋

滑板鞋是平地式、板式的鞋，也有人称其为"板鞋"。滑板鞋与一般鞋子比较，不同的地方是：它几乎都是平底的，便于让脚能完全地平贴在滑板上，而且有防震的功能，还有它的侧面有补强，板鞋比较轻，胶底强调抓地性能，能比较好地抓住滑板，如图1-19所示。

图1-19 滑板鞋

（8）健行鞋

野外远足时，经常踏沙及在不平坦的地面行走，时而还需要走过山涧。远足者肩背较重的背包，容易出现扭伤和滑倒，故健行鞋一般多为中帮设计，鞋底有疙瘩，强调抓地性能，如图1-20所示。

（9）登山鞋

因为要面对恶劣环境及寒冷多风的气候，所以这类鞋一般都很重，且非常坚固，韧性极佳，并要求有非常好的保暖性。如果是爬雪山，专业的高海拔登山靴一般为双层设计，外靴为塑料，内靴为保暖透气材料，能抵御-40℃的严寒。全硬底鞋，可与卡式冰爪或滑雪板配合，如图1-21所示。

图1-20 健行鞋

图1-21 登山鞋

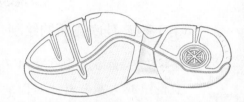

2 运动鞋鞋底结构与绘制

2.1 跑鞋鞋底结构与绘制

（1）跑鞋鞋底侧面的结构特点

跑鞋的鞋底一般为组合底，即由大底、中底、TPU和气垫等独立的结构组合在一起。大底一般为橡胶；而中底则有EVA、MD、TPR（热塑性橡胶）、PU等之分；TPU（热塑性聚氨酯弹性体）一般为塑料、PVC（聚氯乙烯）或碳素板等。为了减少运动中脚趾部位频繁地屈挠弯折，所以跑鞋鞋底外形上前掌和后跟都有一点翘，但前掌翘度比较大，一般在20°~25°，鞋头有翻胶，像个小船，如图2-1所示。

图2-1　跑鞋鞋底侧面的特点

（2）跑鞋大底的结构特点

跑鞋大底大多数为前后掌独立的结构，为了增强运动时的舒适性，前掌大底一般会有横向的分割；TPU紧贴中底联系着前后掌的大底；由于跑步时产生的震荡力相当于体重的2~3倍，所以跑鞋的中底多采用高密度加厚的减震设计。运动时脚趾要有足够的空间可以伸展，所以前掌一般要宽大一些，如图2-2所示。

图2-2　跑鞋大底的特点

（3）跑鞋鞋底侧面的绘制

跑鞋鞋底侧面的绘制步骤如下：

① 设定 AB 为跑鞋鞋底侧面的长，作长方形 $ABCD$，并使 AD 等于 AB 的1/5，如图2-3 所示。

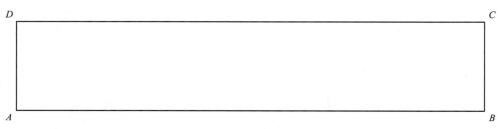

图2-3　长方形 $ABCD$

② 分别将 AB 和 CD 五等分，如图2-4所示。

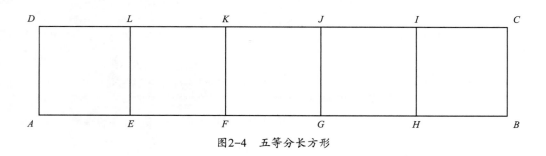

图2-4　五等分长方形

③ 作 $\angle AEN$ 为20°～25°，AM 约为 AD 的3/4，点 R、G_1、X 和 X_1 自定，如图2-5所示。

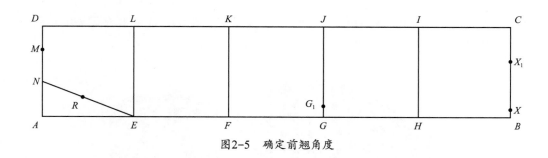

图2-5　确定前翘角度

④ 弧线连接 M、R、F、G_1、H、X，并根据跑鞋鞋底侧面的特点绘制出其造型轮廓，如图2-6所示。

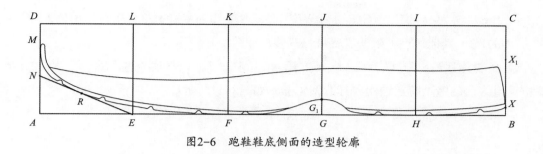

图2-6　跑鞋鞋底侧面的造型轮廓

⑤根据跑鞋鞋底侧面的样式绘制出其结构，最终效果如图2-7所示。

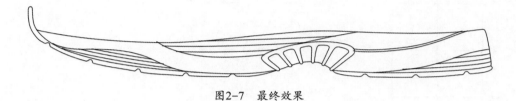

图2-7　最终效果

（4）跑鞋大底的绘制

跑鞋大底绘制的步骤如下：

①设定AB为跑鞋鞋底侧面的长，作长方形ABCD，并使AD等于AB的3/8左右（可根据需要进行调整），如图2-8所示。

②分别将AB和CD五等分，分别将AD和BC两等分，如图2-9所示。

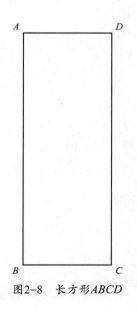

图2-8　长方形ABCD

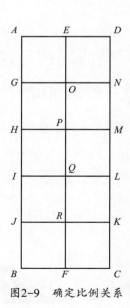

图2-9　确定比例关系

③ 作EE_1约为AE的1/3；GG_1约为GH的1/2；MM_1约为MN的1/3；II_1约为IQ的2/5；LL_1约为LQ的1/3，其他各点可根据需要自行调整，如图2-10所示。

④ 弧线连接E_1、S、G_1、I_1、J_1、F、K_1、L_1、M_1、T，连接时注意线条的流畅性，并根据跑鞋大底的造型特点绘制出其造型轮廓，如图2-11所示。

⑤ 根据跑鞋大底的样式绘制出其结构，最终效果如图2-12所示。

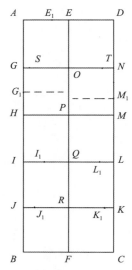
图2-10　确定具体的比例

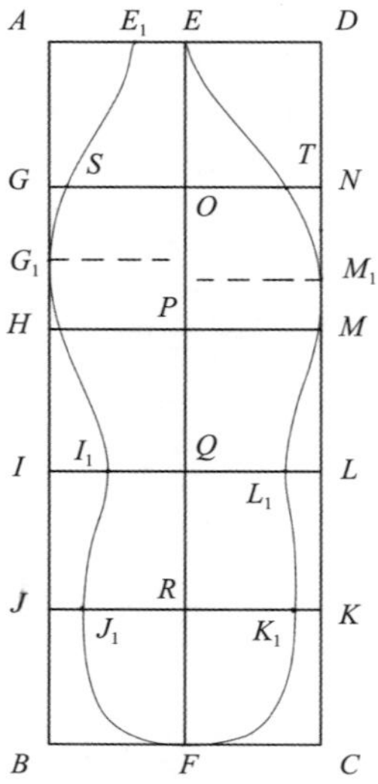

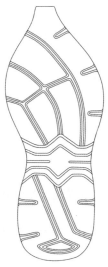
图2-11　跑鞋大底的造型轮廓

图2-12　最终效果

2.2　网球鞋鞋底结构与绘制

（1）网球鞋鞋底侧面的结构特点

网球鞋的前帮围上橡胶上包较充分，侧面的橡胶上包也很充分，这样有利于运动员快速刹车与及时定位；前掌两侧厚实强壮，有利于运动员横向的快速移动；侧面的样式比较简单，网球鞋的鞋底一般也都为组合底，大底一般为橡胶；而中底大多为EVA、MD；TPU一般都有TPU结构，高档的则为碳素板等，如图2-13所示。

图2-13　网球鞋鞋底侧面的特点

（2）网球鞋大底的结构特点

网球鞋的大底大多数为前后掌独立的结构，由于网球运动的场地大多数为塑胶场地，为了增强运动时与地面的摩擦力，网球鞋大底的纹路一般为较粗的人字纹或水波纹；前掌一般会比后掌宽大，这主要是网球运动经常会有急速后退的动作，而前掌比后掌宽大则有利于后退。网球鞋大底纹路的块面分割比较大，这点和篮球鞋的大底类似；脚弓处一般有TPU结构，这主要是为了提高网球鞋的稳定性，防止在运动过程中发生内外侧翻，如图2-14所示。

图2-14　网球鞋大底的特点

（3）网球鞋鞋底侧面的绘制

网球鞋鞋底侧面的绘制步骤如下：

① 设定AB为网球鞋鞋底侧面的长，作长方形ABCD，并使AD等于AB的1/5，如图2-15所示。

图2-15　长方形ABCD

② 分别将AB和CD五等分，如图2-16所示。

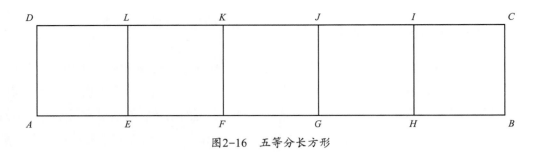

图2-16 五等分长方形

③ 作∠AEN为15°～20°，AM约为AD的3/4，点R、G_1、X和X_1自定，如图2-17所示。

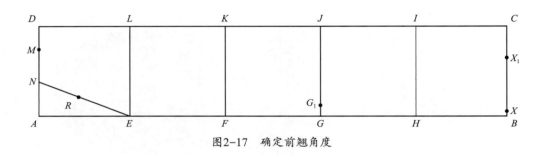

图2-17 确定前翘角度

④ 弧线连接M、R、F、G_1、H、X，并根据网球鞋鞋底侧面的特点绘制出其造型轮廓，如图2-18所示。

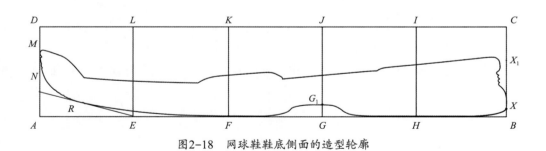

图2-18 网球鞋鞋底侧面的造型轮廓

⑤ 根据网球鞋鞋底侧面的样式绘制出其结构，最终效果如图2-19所示。

图2-19 最终效果

（4）网球鞋大底的绘制

网球鞋大底绘制的步骤如下：

① 设定AB为网球鞋鞋底侧面的长，作长方形ABCD，并使AD等于AB的3/8左右（可根据需要进行调整），如图2-20所示。

② 分别将AB和CD五等分，将AD和BC两等分，如图2-21所示。

③ 作EE_1约为AE的1/3，GG_1约为GH的1/2；MM_1约为MN的1/3，II_1约为IQ的2/5，LL_1约为LQ的1/3，其他各点可根据需要自行调整，如图2-22所示。

④ 弧线连接E_1、S、G_1、I_1、J_1、F、K_1、L_1、M_1、T，连接时注意线条的流畅性，并根据网球鞋大底的造型特点绘制出其造型轮廓，如图2-23所示。

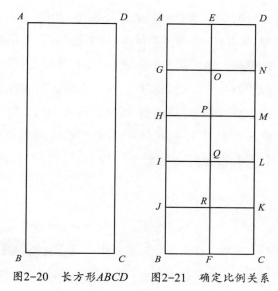

图2-20　长方形ABCD　　图2-21　确定比例关系

⑤ 根据网球鞋大底的样式绘制出其结构，最终效果如图2-24所示。

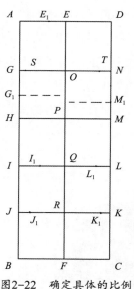

图2-22　确定具体的比例

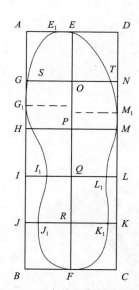

图2-23　网球鞋大底的造型轮廓

图2-24　最终效果

2.3 篮球鞋鞋底结构与绘制

（1）篮球鞋鞋底侧面的结构特点

篮球运动对抗激烈，不断地起动、急停、起跳，横向左右运动、垂直跳跃的动作较多。因此，篮球鞋和网球鞋的鞋底有很多相似的地方。前帮围上橡胶上包得较充分，侧面的橡胶上包也很充分，这样有利于快速刹车与及时定位，前掌两侧厚实强壮，有利于横向的快速移动，侧面的样式比较简单，网球鞋的鞋底一般也都为组合底；而中底一般采用具有吸震、稳定、轻质、柔软的优质EVA、MD或PU材料，部分鞋款选用专用气垫，气垫在受压时收缩，内含气体吸收外来的震动和冲击压力，然后很快复原，提供良好减震效果，并将冲击力转换为推动力（能量回归），有效提高运动效率，如图2-25所示。

图2-25 篮球鞋鞋底侧面的特点

（2）篮球鞋大底的结构特点

大底一般采用高碳素耐磨橡胶，纹理通常为人字形、波浪形等，提高运动时的摩擦力，后跟较扁平（也有两瓣式设计），可有效稳定双脚，宽大的前掌带有深弯凹槽（与中底弯曲槽共同增强曲挠性），并增大与地面的接触面积，提高稳定效果；TPU的内侧和脚弓等部位安装用高密度材料和TPU材料承托盘制成的扭转系统，以阻止运动时脚向内过分翻转，避免运动扭伤，并使脚掌和脚跟配合地面情况自然扭转，提高运动时的稳定性和控制力。该系统同时增强中底强度，有效分解脚弓压力，良好的弹性配合中底为脚部提供了更强大的支撑作用，如图2-26所示。

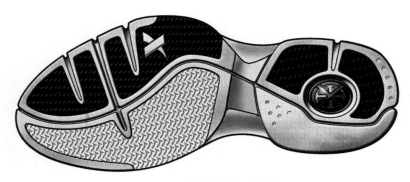

图2-26 篮球鞋大底的特点

（3）篮球鞋鞋底侧面的绘制

由于篮球的鞋底和网球鞋的鞋底在造型和结构上相似，所以其绘制比例和网球鞋鞋底的绘制是一样的，在此不再赘述。最终效果如图2-27所示。

图2-27 篮球鞋鞋底侧面的最终线稿

（4）篮球鞋大底的绘制

篮球鞋大底绘制的步骤与网球鞋大底的绘制是一样的，在此不再赘述，最终效果如图2-28所示。

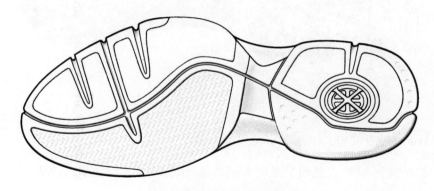

图2-28 篮球鞋大底的线稿

2.4 休闲运动鞋鞋底结构与绘制

（1）休闲运动鞋鞋底侧面的结构特点

休闲运动鞋从侧面看比较轻薄，结构上也比较简单，基本上是两片式结构，也有部分休闲鞋直接以含有橡胶成分的PU或MD做大底。另外，由于休闲的装饰性较强，因此在样式上就比较随意，各种纹样均可应用，如图2-29所示。

图2-29 休闲运动鞋鞋底侧面的特点

（2）休闲运动鞋大底的结构特点

休闲鞋的大底一般以高耐磨橡胶制成，提供良好的吸震保护，并满足结实耐磨的需要，外底花纹呈较平滑的颗粒状、块状或阶梯状，底型设计富于变化，增强美感。也有部分休闲运动鞋不加外底贴片，直接以PU或MD做大底，如图2-30所示。

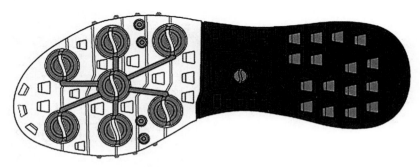

图2-30 休闲运动鞋大底的特点

（3）休闲运动鞋鞋底侧面的绘制

① 设定AB为休闲鞋底侧面的长，作长方形ABCD，并使AD等于AB的1/5，如图2-31所示。

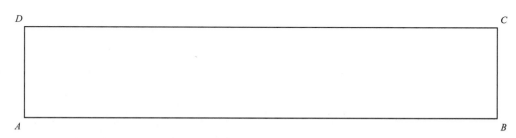

图2-31 长方形ABCD

② 分别将AB和CD五等分，如图2-32所示。

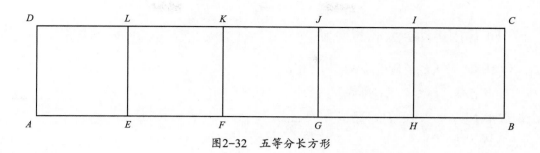

图2-32　五等分长方形

③ 作∠AEN为20°～25°，AM约为AD的3/4，点R、G_1、X和X_1自定，如图2-33所示。

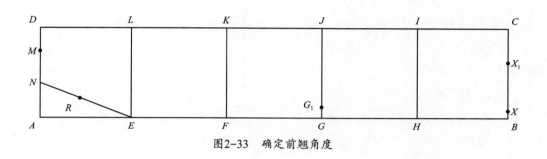

图2-33　确定前翘角度

④ 弧线连接M、R、F、G_1、H、X，并根据休闲鞋底侧面的特点绘制出其造型轮廓，如图2-34所示。

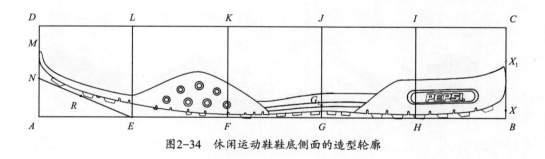

图2-34　休闲运动鞋鞋底侧面的造型轮廓

⑤ 根据休闲运动鞋鞋底侧面的样式绘制出其结构，最终效果如图2-35所示。

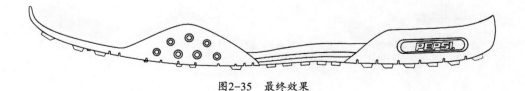

图2-35　最终效果

（4）休闲运动鞋大底的绘制

休闲运动鞋大底绘制的步骤：

① 设定AB为休闲运动鞋鞋底侧面的长，作长方形ABCD，并使AD等于AB的3/8左右（可根据需要进行调整），如图2-36所示。

② 分别将AB和CD五等分，将AD和BC两等分，如图2-37所示。

③ 作EE₁约为AE的1/3，GG₁约为GH的1/2；MM₁约为MN的1/3，II₁约为IQ的2/5，LL₁约为LQ的1/3，其他各点可根据需要自行调整，如图2-38所示。

④ 弧线连接E₁、S、G₁、I₁、J₁、F、K₁、L₁、M₁、T，连接时注意线条的流畅性，并根据休闲运动鞋大底的造型特点绘制出其造型轮廓，如图2-39所示。

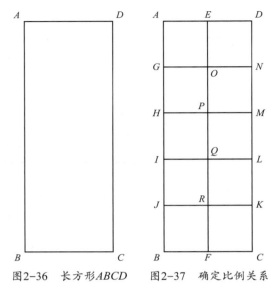

图2-36　长方形ABCD　　图2-37　确定比例关系

⑤ 根据休闲运动鞋大底的样式绘制出其结构，最终效果如图2-40所示。

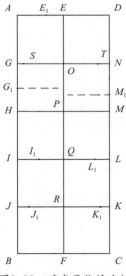

图2-38　确定具体的比例

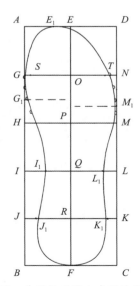

图2-39　休闲运动鞋大底的造型轮廓

图2-40　最终效果

2.5　户外运动鞋鞋底结构与绘制

（1）户外运动鞋鞋底侧面的结构特点

户外运动鞋由于环境需要，从其鞋底侧面看，底花的凹陷程度在所有鞋类中最大，颜色一般为各种大地色，如深灰色系等。户外运动鞋鞋底的硬度一般比较大，而且路途越是崎岖，对鞋底硬度的要求就越高，如图2-41所示。

图2-41　户外运动鞋鞋底侧面的特点

（2）户外运动鞋大底的结构特点

外底的材料各式各样，最有名的大概是Vibram橡胶底，有黄色八角标识。它和地面直接接触，所以厚实耐磨，防滑防震是最重要的。通常鞋底的纹路不会设计得太花哨，一般以简单实用的底纹为最佳，如图2-42所示。

图2-42　登山鞋大底的特点

（3）户外运动鞋鞋底侧面的绘制

户外运动鞋鞋底侧面绘制的步骤与前文同，此处不再赘述，最终效果如图2-43所示。

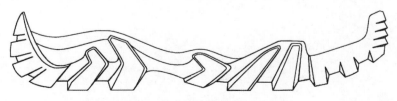

图2-43　户外运动鞋鞋底侧面线稿

（4）户外运动鞋大底的绘制

户外运动鞋大底绘制的步骤与前文同，此处不再赘述，最终效果如图2-44所示。

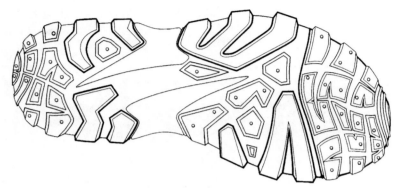

图2-44 户外运动鞋大底线稿

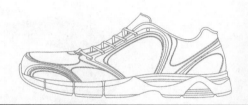

3 运动鞋手绘线稿绘制

　　运动鞋手稿的绘制是运动鞋设计的第一步，作为设计师必须能够绘制出比例准确、整体结构合理、表达意图清晰的运动鞋手绘线稿。这要求设计师必须具备一定的绘画能力，并掌握运动鞋手绘的绘制技巧。

　　运动鞋手稿绘制主要以线条勾勒为主，线是造型设计中的重要手段，运动鞋手稿绘制讲究的是用线流畅、简洁、虚实、顿挫，有表现力（所画线条粗细均匀、清晰流畅）。

3.1　跑鞋手绘线稿绘制

（1）跑鞋的特点

　　① 造型特点。为了减少运动过程中脚趾部位频繁的曲挠幅度，所以运动鞋外形上鞋尖和鞋跟都有一点翘，鞋头有翻胶，像个小船。运动时脚趾要有足够的空间可以伸展，所以前掌要宽大一些。大多数跑鞋的后跟部分成内外两片，提高了跑动过程中由后跟到前掌这个动作过程的效率。在鞋的脚后跟部分的上边缘有一个凹槽，它是用来保护跟腱的，使其更安全，更舒适。跑鞋如图3-1和图3-2所示。

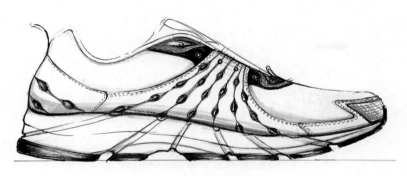

图3-1　跑鞋的造型特点

图3-2　跑鞋大底的特点

　　②线条特点。跑鞋给人的感觉应该是动感、轻快，那么在线条表现时就要以流畅的线条来表达，在运笔的过程中要注意线条的流畅性，尽量能够一气呵成，不能一气呵成的要注意线条之间衔接的流畅性，如图3-3所示。

图3-3　跑鞋的线条特点

　　③结构特点。相对其他运动鞋来说，跑鞋的结构相对比较复杂，部件相对较多，为了增加跑鞋的动感和流畅感，部件之间一般都采用呼应和流线型的设计方法，以及带有发射性的线条，如图3-4所示。鞋面主要由轻质的网材和合成材料制成，具有良好的透气性。钻石颗粒大底或碳纤橡胶大底可增加双脚的稳定力，让慢跑更加舒适。

图3-4　跑鞋的呼应结构

（2）跑鞋手绘线稿的绘制方法

跑鞋手绘线稿绘制的步骤如下：

① 设定AB为楦底长，作长方形ABCD，并使AD=1/2AB，如图3-5所示。

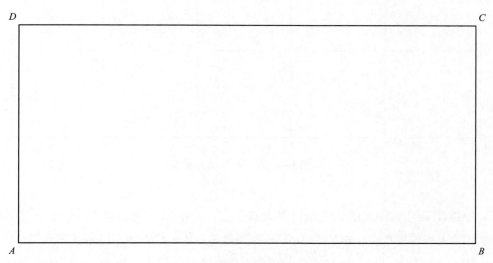

图3-5　长方形ABCD

② 分别将AB和CD五等分，得到E、F、G、H和L、K、J、I八个点，如图3-6所示。

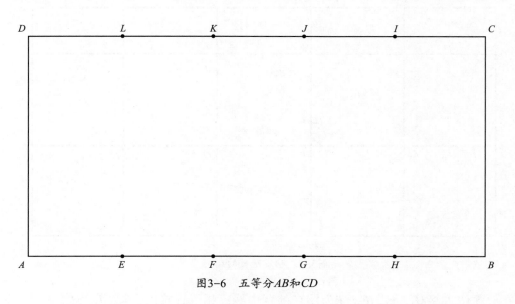

图3-6　五等分AB和CD

③ 分别作AM=MO=AE和BN=NP=BH，连接EL、FK、GJ、HI、OP、MN，得到E_1、F_1、G_1、H_1和L_1、K_1、J_1、I_1八个点，如图3-7所示。

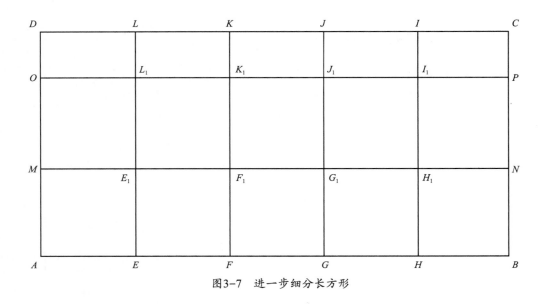

图3-7　进一步细分长方形

④根据跑鞋鞋底侧面的比例确定其大概位置，并绘制出鞋底侧面的轮廓；然后确定鞋头厚度的大概位置E_2点，作$F_1F_2 \approx 1/5F_1K_1$，通过F_2点作$F_2F_3 // E_1F_1$，并使$F_2F_3 = 1/2E_1F_1$，得到F_3点为口门位置点；作$J_1J_2 \approx 1/5J_1G_1$，得到J_2点为脚山位置点；作$J_1R \approx 1/4K_1J_1$；再根据领口的弧线确定其关键点的大概位置为H_2、P_2、N_2点，如图3-8所示。

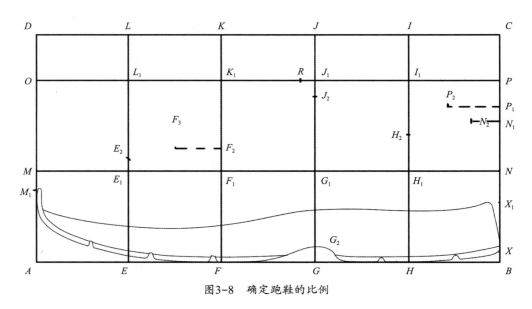

图3-8　确定跑鞋的比例

⑤弧线连接M_1、E_2、F_3、R为跑鞋的背中线；弧线连接F_2、F_2、J_2、H_2、P_2、N_2为跑鞋的帮面弧线；弧线连接N_2X_1为跑鞋的后弧线。至此，跑鞋的造型轮廓就绘制出来了，但要为领口增加2～3mm的厚度，如图3-9所示。

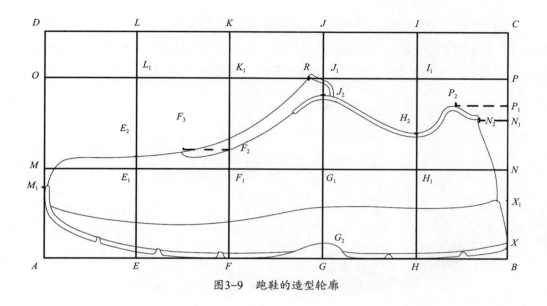

图3-9 跑鞋的造型轮廓

⑥ 最后，为跑鞋绘制出帮面和鞋底的结构。最终效果如图3-10所示。

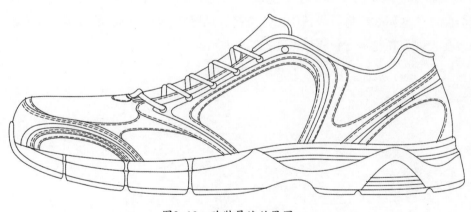

图3-10 跑鞋最终效果图

3.2 网球鞋手绘线稿绘制

（1）网球鞋的特点

网球运动一般分为硬地、泥地和草地3种。网球运动和篮球运动对脚的活动较为相似：用力大、方向多变，要求耐冲击、稳定性佳、减震好、止滑性好，但相比之下，网球运动更激烈、快速一些。网球鞋大部分为中低帮款型。

① 造型特点。鞋头橡胶上包较充分，尤其两侧延伸很长，有利于快速"刹车"与及时定位；前掌两侧厚实强壮，有利于在横向快速移动时加强稳定性，及时止滑。后半段较小巧，有利于快速后退和提高脚步灵活性，如图3-11所示。

图3-11　网球鞋的造型特点

② 线条特点。网球鞋给人的感觉应该是比较中庸的，它看起来没有跑鞋那样轻巧，但也不会像篮球鞋那么厚重，线条依然是流畅、动感，但在其鞋底的线条上则比跑鞋要厚重一些，在表现上和跑鞋比较相似，如图3-12所示。

图3-12　网球鞋的线条特点

③ 结构特点。由于网球运动剧烈，所以强度及运动保护即为网球鞋最大的设计要求，外底以耐磨橡胶制成，前后段边墙较长，以防摩擦，外底整体较平，且方向性复杂，从而适应网球运动频繁的各方向动作，达到防滑、耐磨的运动要求；中底后跟的加厚避震设计，同时提高稳定性能，以适应运动中的较多跳跃和吸震的要求，部分高档产品还加装其他特殊吸震材料，以体现更多的专业运动风格，如图3-13所示。

图3-13 网球鞋的结构特点

（2）网球鞋手绘线稿的绘制方法

网球鞋手绘线稿绘制的步骤：

① 设定*AB*为楦底长，作长方形*ABCD*，并使*AD*=1/2*AB*，如图3-14所示。

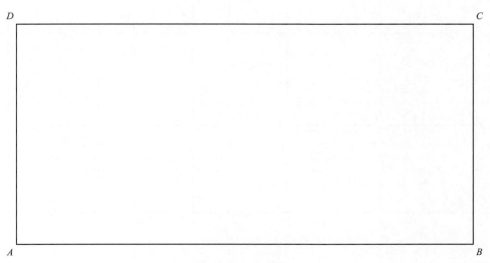

图3-14 长方形*ABCD*

② 分别将*AB*和*CD*五等分，分别得到*E*、*F*、*G*、*H*和*L*、*K*、*J*、*I*八个点，如图3-15所示。

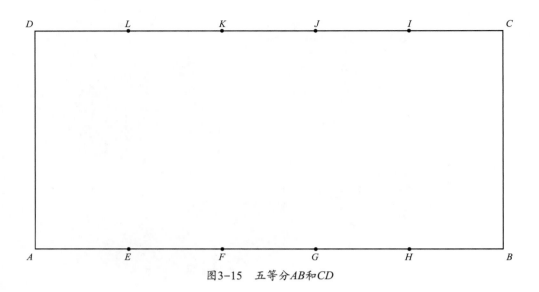

图3-15　五等分AB和CD

③分别作AM=MO=AE和BN=NP=BH，连接EL、FK、GJ、HI、OP、MN，得到E_1、F_1、G_1、H_1和L_1、K_1、J_1、I_1八个点，如图3-16所示。

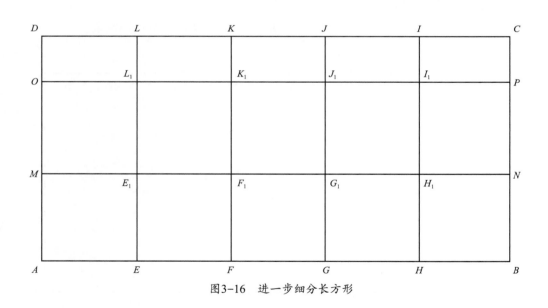

图3-16　进一步细分长方形

④根据跑鞋鞋底侧面的比例确定其大概位置，并绘制出鞋底侧面的轮廓；然后确定鞋头厚度的大概位置E_2点，作$E_1E_2 \approx 1/6E_1L_1$；作$F_1F_2 \approx 1/5F_1K_1$，通过F_2点作$F_2F_3 // E_1F_1$，并使$F_2F_3 = 3/5E_1F_1$，得到F_3点为口门位置点；J_1点直接为脚山位置点；再根据领口的弧线确定其关键点的大概位置为H_2、P_2、N_2点，如图3-17所示。

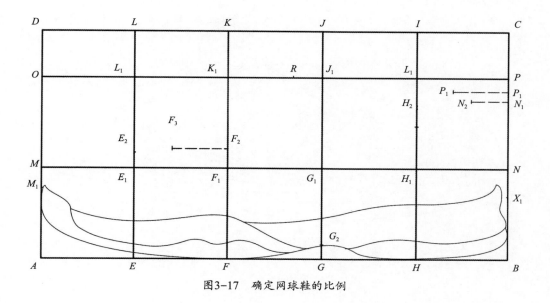

图3-17　确定网球鞋的比例

⑤弧线连接M_1、E_2、F_3、R为跑鞋的背中线；弧线连接F_3、J_1、H_2、P_2、N_2为跑鞋的帮面弧线；弧线连接N_2、X_1为跑鞋的后弧线。至此，跑鞋的造型轮廓就绘制出来了，但要为领口增加2~3mm的厚度，如图3-18所示。

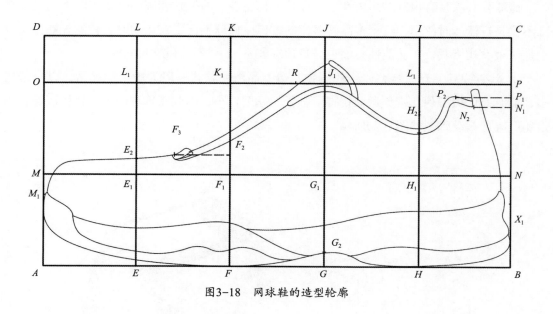

图3-18　网球鞋的造型轮廓

⑥最后，为网球鞋绘制出帮面和鞋底的结构。最终效果如图3-19所示。

图3-19　最终效果

3.3　篮球鞋手绘线稿绘制

（1）篮球鞋的特点

篮球鞋必须具有很好的耐久性、支撑性、稳定性、曲挠性和减震效果。时下的篮球鞋已不仅是打篮球时使用，经众多品牌多年的推广，篮球鞋已走在运动时装化的先端，所以更加注重款式格调，在功能性方面也是集顶级装备于一身，日趋时尚化。

①造型特点。篮球鞋整体比较厚重，造型简洁，款式一般为中帮和高帮，以中帮居多，能有效保护脚踝，避免运动伤害。鞋子的翘度较小，因此篮球鞋的外观比较沉稳，不像跑鞋等那么动感，如图3-20所示。

图3-20　篮球鞋的造型特点

②线条特点。在线条上，篮球鞋给人的感觉是比较踏实、稳定的，而且它的帮面简洁，结构明了；因此在绘制篮球鞋手绘线稿时要注意线条的简洁与转折关系，如图3-21所示。

图3-21 篮球鞋的线条特点

③结构特点。篮球鞋的结构既简单又复杂，简单地说其帮面结构简单，其帮面基本上是大款面的分割，而且大多数使用皮料，这主要是篮球鞋要求有较高的抱脚性；而复杂则是说其鞋底复杂，其鞋底是各种功能汇集的地方，如专业气垫：在受压时收缩，内含气体吸收外来的震动和冲击压力，然后很快复原，提供良好减震效果，并将冲击力转换为推动力，有效提高运动效率；大底一般采用高碳素耐磨橡胶，底面通常为人字形、波浪形纹路，提高运动时的摩擦力，后跟扁平（也有两瓣式设计），有效稳定双脚，宽大的前掌带有深弯凹槽，并增大与地面的接触面积，提高稳定效果，如图3-22所示。

图3-22 篮球鞋的结构特点

（2）篮球鞋手绘线稿的绘制方法

篮球鞋手绘线稿绘制的步骤（前面3个步骤基本一致，此处不再赘述）：

① 根据篮球鞋鞋底侧面的比例确定其大概位置，并绘制出鞋底侧面的轮廓；然后确定鞋头厚度的大概位置 E_2 点，作 $E_1E_2 \approx 1/6E_1L_1$；作 $F_1F_2 \approx 1/5F_1K_1$，通过 F_2 点作 $F_2F_3//E_1F_1$，并使 $F_2F_3=3/5E_1F_1$，得到 F_3 点为口门位置点；J_1 点直接为脚山位置点；再根据领口的弧线确定其关键点的大概位置为 P_2 点，如图3-23所示。

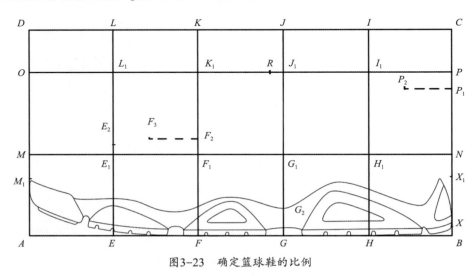

图3-23　确定篮球鞋的比例

② 弧线连接 M_1、E_2、F_3、R 为跑鞋的背中线；弧线连接 F_3、F_2、J_1、P_2 为跑鞋的帮面弧线；弧线连接 P_2、X_1 为跑鞋的后弧线。至此，跑鞋的造型轮廓就绘制出来了，但要为领口增加2~3mm的厚度，如图3-24所示。

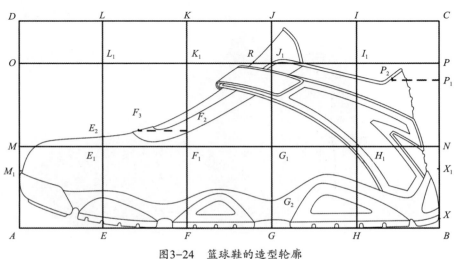

图3-24　篮球鞋的造型轮廓

③ 最后，为篮球鞋绘制出帮面和鞋底的结构，最终效果如图3-25所示。
具体绘制过程可扫描二维码观看。

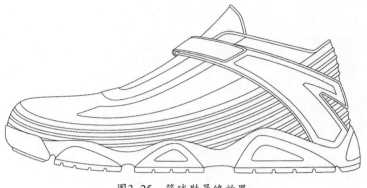

图3-25 篮球鞋最终效果

3.4 休闲运动鞋手绘线稿绘制

（1）休闲运动鞋的特点

休闲运动鞋大致可以分为3类：日常休闲鞋、运动休闲鞋、商务休闲鞋。其中日常休闲鞋所占比重较大，因为这类休闲鞋适应场合较为宽泛，它既有正装鞋的严谨和庄重感，同时又具备休闲鞋的舒适、宽松与活泼，因此在大部分场合均可以穿着。运动休闲鞋主要适用于一些户外运动、休闲健身时穿用，款式活泼大方，色彩轻松明快，是日常运动休闲时最好的选择。而商务休闲鞋则更注重其时尚性、有品位的特点，要求款式典雅、工艺考究，能充分体现穿着者的社会地位和生活品位。以下内容主要针对运动休闲鞋。

① 造型特点。休闲运动鞋的造型轻巧、精致，其前掌比较圆润，这使其更加舒适合脚、轻松自如；休闲鞋的翘度较高，因为它沿用了跑鞋底型的弧线设计，使其具备了较强的动感和时尚性，如图3-26所示。

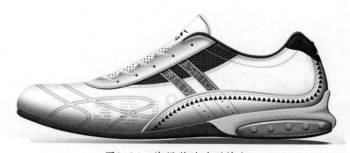

图3-26 休闲鞋的造型特点

②线条特点。休闲运动鞋的材料特质与跑鞋基本相同，但款式设计简洁、明快、时尚、流行，曲线优美，适合行走于较平坦路面环境，穿着随意，适合搭配各种服装，如图3-27所示。

图3-27　休闲鞋的线条特点

③结构特点。休闲运动鞋的帮面变化较大，分割也更灵活一些，帮面结构以曲线分割为主，并常和一些时尚的图案搭配一起进行设计；其鞋底底纹设计比较随意，有轻薄、柔软的特点，以获得亲近大地的亲切感，如图3-28所示。

图3-28　休闲鞋的结构特点

（2）休闲运动鞋手绘线稿的绘制方法

休闲运动鞋手绘线稿绘制的步骤（前面3个步骤基本一致，此处不再赘述）：

① 根据休闲运动鞋鞋底侧面的比例确定其大概位置，并绘制出鞋底侧面的轮廓；然后确定鞋头厚度的大概位置 E_2 点，作 $E_1E_2 \approx 1/8 E_1L_1$；作 $F_1F_2 \approx 1/6 F_1K_1$，通过 F_2 点作 $F_2F_3 // E_1F_1$，并使 $F_2F_3 = 3/5 E_1F_1$，得到 F_3 点为口门位置点；作 $J_1J_2 \approx 1/4 J_1G_1$，得到 J_2 点为脚山位置点；再根据领口的弧线确定其关键点的大概位置为 H_2、P_2、N_2 点，如图3-29所示。

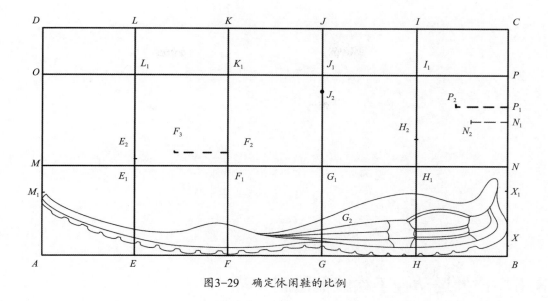

图3-29 确定休闲鞋的比例

②弧线连接M_1、E_2、F_3、J_1为跑鞋的背中线；弧线连接F_3、F_2、J_2、H_2、P_2、N_2为休闲运动鞋的帮面弧线；弧线连接N_2、X_1为跑鞋的后弧线。至此，休闲运动鞋的造型轮廓就绘制出来了，但要为领口增加2~3mm的厚度，如图3-30所示。

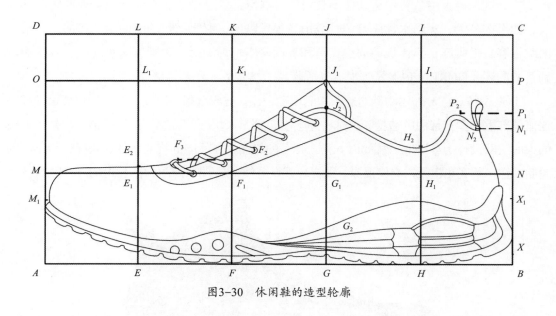

图3-30 休闲鞋的造型轮廓

③最后，为休闲运动鞋绘制出帮面和鞋底的结构。最终效果如图3-31所示。

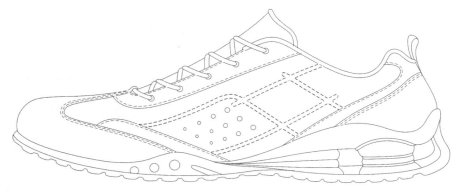

图3-31 最终效果图

3.5 户外运动鞋手绘线稿绘制

（1）户外运动鞋的特点

户外运动鞋源自欧洲，在充满传奇色彩的阿尔卑斯山，户外旅行是人们不可或缺的乐趣，功能强劲的登山鞋也就由此而生。真正的专业户外登山鞋的首要特点是具备优越的防水功能，这是绝大多数普通运动鞋不具备的。在舒适的基础上，专业登山鞋要既防水又透气，如果在冬天，穿防水性能差的鞋登山是很危险的，湿脚散热的时间是干脚的2~3倍，因此很容易把脚冻伤。传统的油浸皮革和表面防水剂都不能完美解决防水问题，真正能达到目的的还是GORE—TAX等防水透气薄膜。

① 造型特点。户外运动鞋的造型和篮球鞋一样，比较沉稳、厚重，但显然户外运动鞋要比篮球鞋重得多；帮面的造型和篮球鞋差不多，都是大块面的分割，比较简洁。户外运动鞋的大底纹路设计十分讲究。犹如F1方程式赛车的轮胎，在不同的气候条件和路况选用不同的轮胎一样，其底花粗大，沟槽很深，以提高其抓地性，起到防滑的作用，如图3-32所示。

图3-32 户外运动鞋的造型特点

② 线条特点。户外运动鞋的线条也是较厚重的，视觉感受上鞋头粗大、圆润，整体沉稳、厚重。专业的登山鞋，很重、很坚固，厚实保暖，有的还有塑料外壳的双层设计，鞋底还可以卡上冰爪或滑雪板，如图3-33所示。

图3-33　户外运动鞋的线条特点

③ 结构特点。户外运动鞋从外观上看，结构比较简单，但其实不然，它的结构设计是很讲究的，帮面结构设计要舒适、柔和又坚固，能提供重量轻且耐磨并与脚型符合的构造，前脚掌空间余度合理，脚跟稳固，鞋头一般有坚固的钢刷结构设计，保护脚趾不受伤。户外登山鞋大底结构主要由大底橡胶材料和机织碳素板构成，以使在攀登时敏感，正确度高，同时保证鞋底的硬度。鞋舌结构的设计要高，要厚，更要紧贴脚面。鞋舌应不易移动，不错位，如图3-34所示。

图3-34　户外运动鞋的结构特点

（2）户外运动鞋手绘线稿的绘制方法

户外运动鞋手绘线稿绘制的步骤（前面3个步骤基本一致，此处不再赘述）：

① 根据户外运动鞋鞋底侧面的比例确定其大概位置，并绘制出鞋底侧面的轮廓；然后确定鞋头厚度的大概位置 E_2 点，作 $E_1E_2 \approx 1/5E_1L_1$；作 $F_1F_2 \approx 1/4F_1K_1$，通过 F_2 点作 $F_2F_3 // E_1F_1$，并使 $F_2F_3 = 3/5E_1F_1$，得到 F_3 点为口门位置点；作 $J_1R \approx 1/4J_1K_1$，得到 R 为鞋舌的关键点；再根据领口的弧线确定其关键点的大概位置为 P_2 点，如图3-35所示。

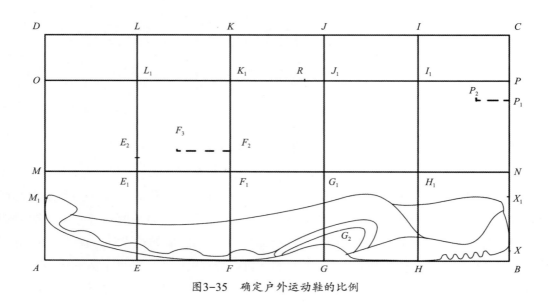

图3-35　确定户外运动鞋的比例

② 弧线连接 M_1、E_2、F_3、R 为跑鞋的背中线；弧线连接 F_3、F_2、J_1、P_2 为跑鞋的帮面弧线；弧线连接 P_2、X_1 为跑鞋的后弧线。至此，跑鞋的造型轮廓就绘制出来了，但要为领口增加2~3mm的厚度，如图3-36所示。

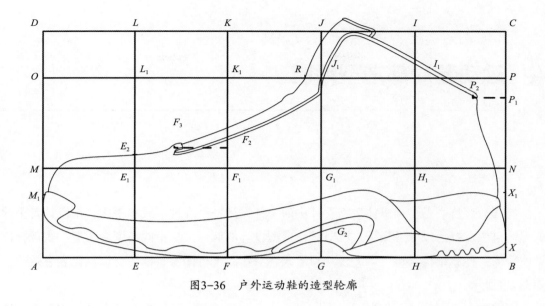

图3-36　户外运动鞋的造型轮廓

③ 最后，为户外运动鞋绘制出帮面和鞋底的结构。最终效果如图3-37所示。

图3-37　最终效果图

4 运动鞋局部造型绘制

　　局部造型特写是鞋样整体造型设计中的一种设计补充表现形式和手段，是设计者个性认识的自由发挥。设计者根据自己对鞋样造型设计的认识，从不同角度来塑造、表现鞋样形体特征、样款结构。也可以通过特写形式，对作品进行图解、标注，以强化表意效果，如图4-1所示。

　　它的特点是：技法不拘形式、大胆张扬个性，突出某一具体内容或者多个主题内容造型特征。造型特写适合一些不对称鞋款的表现；适合鞋面局部结构件的设计表现；适合装饰部件、图案花纹的特写图解；适合对鞋样全方位的图解表现等。造型特写是比较随意自由的，设计者的设计行为不受限制，可以即兴表现。

图4-1　运动鞋造型特写

4.1 运动鞋后视图的绘制

运动鞋后视图是运动设计中一个比较重要的视图，后视图的设计往往能够调节其他部件的作用，运动鞋后视图的造型和其领口造型有很大的关系，大概有两大类：M型和V型。休闲运动类的鞋一般为M型，而中高帮篮球鞋一般为V型。下面以跑鞋为例讲解休闲运动类鞋后视图的绘制。

（1）跑鞋后视图的绘制步骤

① AB为跑鞋后视图高度，过B点作$CD \perp AB$，并使$CD=4/5AB$，如图4-2所示。

② 过A点作$EF \perp AB$，并使$EF=1/4AB$，过G、H、V、I、J，在AB线上分别作：$BG=1/4AB$、$AV=1/3AB$、$BH=2/5AB$、$BI=4/5AB$、$BJ=6/7AB$，如图4-3所示。

③ 过I、J点分别作$KL \perp AB$、$MN \perp AB$，并使$KL=1/2AB$、$MN=1/2AB$，过V、H、G点分别作$OP \perp AB$，并使$OP=5/8AB$，作$RS \perp AB$，并使$RS=3/4AB$，作$TU \perp AB$，并使$TU=RS-(2 \sim 3)$mm，如图4-4所示。

④ 作$KK_1=LL_1=1/4KJ$，$MM_1=NN_1=1/2IM$，G向下移$1 \sim 2$mm为G_1，C、D向上移$1 \sim 2$mm为C_1、D_1，如图4-5所示。

⑤ 弧线连接K_1、K、O、R、T、C_1、B、D_1、U、S、P、L、L_1为跑鞋后视图的外轮廓，弧线连接O、M、M_1、N_1、N、P为后统口造型，弧线连接T、G_1、U为鞋底后视图造型，弧线连接K_1、E、A、F、L_1为鞋舌造型，如图4-6所示。

⑥ 绘制出跑鞋后视图的结构样式，如图4-7所示。

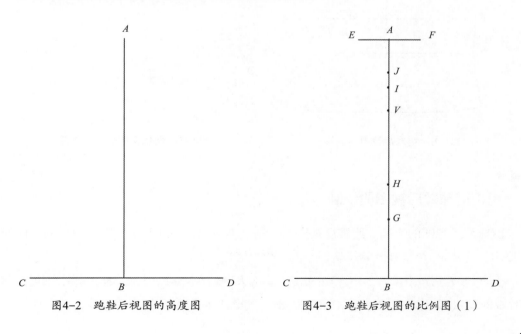

图4-2 跑鞋后视图的高度图　　　　图4-3 跑鞋后视图的比例图（1）

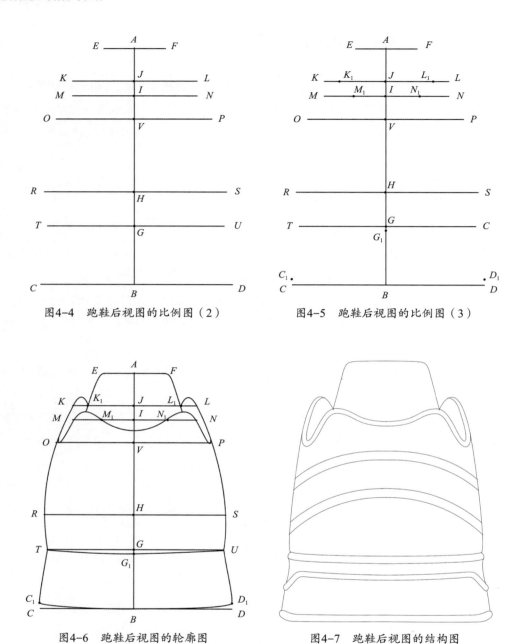

图4-4 跑鞋后视图的比例图（2）　　　图4-5 跑鞋后视图的比例图（3）

图4-6 跑鞋后视图的轮廓图　　　图4-7 跑鞋后视图的结构图

（2）篮球鞋后视图的绘制

篮球鞋后视图的绘制和跑鞋后视图的绘制基本一致，前面几个步骤是一样的，此处不再赘述，就从第3个步骤开始讲解。

① 过J、I点分别作$KL\perp AB$、$MN\perp AB$，并使$KL=MN=3/5AB$，过V、H点分别作$OP\perp AB$，并使$OP=2/3AB$，作$RS\perp AB$，并使$RS=3/4AB$，如图4-8所示。

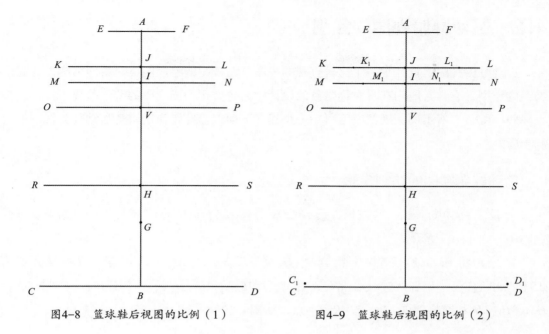

图4-8　篮球鞋后视图的比例（1）　　　　图4-9　篮球鞋后视图的比例（2）

② 作$KK_1=LL_1=1/4KJ$，$MM_1=NN_1=1/3IM$，C、D向上$1\sim2$mm为C_1、D_1，如图4-9所示。

③ 弧线连接K_1、K、O、R、C_1、B、D_1、S、P、L、L_1为跑鞋后视图的外轮廓，弧线连接O、M、M_1、N_1、N、P为后统口造型，根据比例关系绘制出大底后视图的造型，弧线连接K_1、E、A、F、L_1为鞋舌造型，如图4-10所示。

④ 绘制出篮球鞋后视图的结构样式，如图4-11所示。

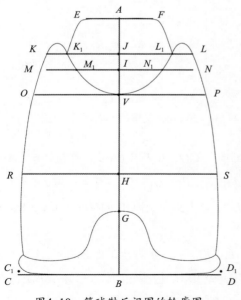

图4-10　篮球鞋后视图的轮廓图

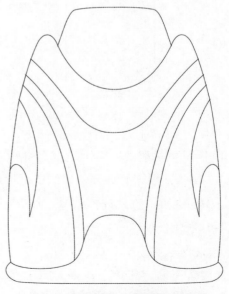

图4-11　篮球鞋后视图的结构图

4.2 运动鞋俯视图的绘制

运动鞋俯视图是设计中一个比较直观的视图，俯视图的绘制能够对帮面结构设计起到参照的作用，它常常应用在不对称鞋款的设计中，各类运动俯视图的造型差异不大，只是在一些小细节有所不同，因此就不再一一讲述。下面以篮球鞋为例讲解运动鞋俯视图的绘制步骤。

篮球鞋俯视图的绘制步骤

① 设定AB为鞋底长，并作长方形$ABCD$，并使AD等于AB的1/3左右（可根据需要进行调整），如图4-12所示。

② 分别将AB和CD五等分，得到G、H、I、J和K、L、M、N八个点；取E、F分别为AB和CD的中点，并直线连接G和N、H和M、I和L、J和K；直线连接E和F，分别与GN、HM、IL、JK相交得到O、P、Q、R四个点，如图4-13所示。

图4-12 长方形$ABCD$

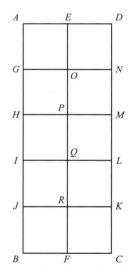

图4-13 篮球鞋俯视图的大概比例

③ 作$JJ_1 \approx 1/4JR$、$II_1 \approx 2/5IQ$、$LL_1 \approx 1/4LQ$、$GG_1 \approx 1/8GO$、$NN_1 \approx 1/6NO$；作$MM_1 \approx 1/3MN$、$EE_1 \approx 1/3AE$，并根据篮球鞋领口的造型特点确定出R_1、R_2、Q_1、Q_2、F_1点；取S和T分别为GH、NM的中点，直线连接S、T，与EF相交于U点，通过U点作$UU_1 \approx 1/4SU$、$UU_2 \approx 1/5TU$，如图4-14所示。

④ 弧线连接E、E_1、G_1、S、I_1、J_1、F、K_1、L_1、M_1、N_1、E为运动俯视图的造型轮廓，弧线连接U_1、Q_1、R_1、F_1、R_2、Q_2、U_2为篮球鞋口门和领口的造型轮廓，如图4-15所示。

⑤ 绘制出篮球鞋俯视图的结构样式，如图4-16所示。

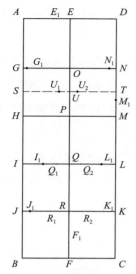

图4-14　篮球鞋俯视图的比例

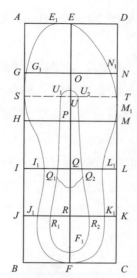

图4-15　篮球鞋俯视图的轮廓

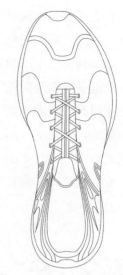

图4-16　篮球鞋俯视图的结构

4.3　运动鞋透视图与三视图表现

4.3.1　运动鞋透视表现

　　表现和设计一直都是紧密联系的，设计行动源自人类自发的愿望，是为了能在花费大量时间、能量和资金之前，预先看到期望的产品实现可能性的程度和结果，例如大家所知道的运动鞋配色效果图，它能让我们预先看到运动鞋的材料、工艺、质感和颜色，如图4-17所示。设计是随现代化大生产而生产的，并成为现代化生产的重要组成部分。不仅

图4-17　运动鞋效果图

是因为生产前要知道成品的尺寸，更因为我们要事先计划出生产所需的劳动力和材料，以保证生产能够顺利完成。

速写和设计草图的表达能力是有限的，即使具备了最娴熟的技巧，也还是要了解并做好心理准备：图画无法完全替代实物的真实感受。然而，从另一个角度来看，作为思考工具的速写却可能超越速写实际所包含的内容。因此，我们应该用图画来思考，并将思考的结果延伸到纸面上，形成表现画面，例如我们想到一个概念，利用速写就能迅速绘制出一系列的草图，如图4-18所示。再如要绘制运动鞋的透视图，利用速写能快速地完成。当然，有些经验丰富的鞋类设计师觉得直接在楦体上或样鞋上进行设计会更加直观，但那需要经验的积累。

图4-18　运动鞋草图

图像对不同设计师的作用不同，利用图像来观察、验证设计的程序也存在很大的差异，原因之一是人们根据设计表达所想象的效果与实际制造的结果之间存在差异。例如：鞋类设计专业的新生看一个产品的侧面图，可能只想象得出抽象的轮廓，而对有经验的设计师来说，通过这份图纸就能联想出三维的立体形象，而无须画出透视图。要提高自己对图像的领悟能力，首先要掌握图像的表现方法。

（1）透视图表现法

透视图是在二维纸面上模仿三维环境的深度和感觉，反映现实中人眼所看到的产品的空间结构关系和尺度变化。为了更快速地画出透视的变化效果，除了多观察身边的产品，画图之前首先要掌握透视的规律，其中比较简单的是一点透视法和两点透视法。

一点透视法是指产品只有一个灭点的透视法，如图4-19所示。

两点透视即产品有两个灭点的透视法，如图4-20所示的长方体。

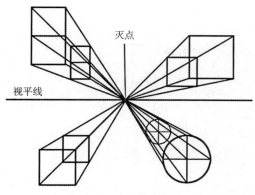

图4-19　一点透视原理

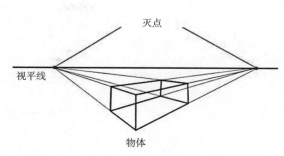

图4-20　两点透视原理

确定基本透视后，就可以画物体的大致轮廓，对透视还不是很熟悉的时候，可以通过辅助线来检查透视是否正确。产品的透视与轮廓完成后要跟平常看到它们的位置相同。例如：鞋底放在桌上，我们要稍微有俯视的感觉，透视与轮廓完成后，要同速写的程序一样，逐步加上明暗与细节，如图4-21所示。画草图时也可以参考正方体或其他几何体的受光和阴影，再添加到透视图中。为了表现产品的深度和距离感，要注意产品上各部分的间距变化、轮廓和边缘的关系、产品远近的关系。遇到形状比较复杂的产品，可以先将其分解成几个简单的几何形体，再按透视规律分割局部和细节。

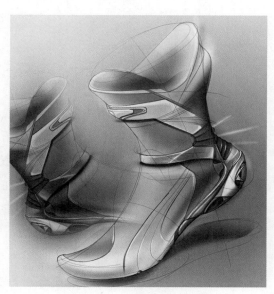

图4-21　运动鞋透视图表现

（2）三视图表现法

三视图是根据产品在三面投影体系中正投影所得的三个视图。三视图能够真实地表达产品在二维面上的尺寸比例，所以在产品设计的最后阶段，一般都用三视图来表达产品的具体结构和实际尺寸，如图4-22和图4-23所示。

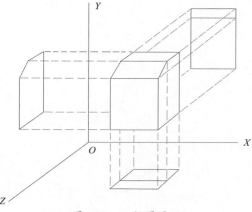

图4-22　三视图原理

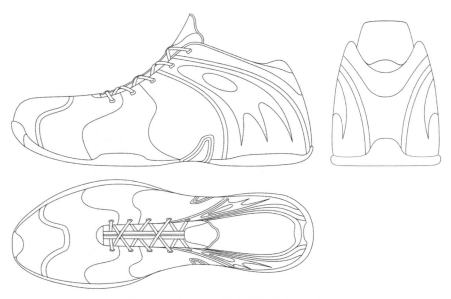

图4-23　三视图在运动鞋设计中的应用

　　绘制三视图首先要确定主视图的位置，主视图下方一般是俯视图，旁边是侧（左或右）视图。由于人们首先注意到的是主视图，所以一般会将最重要的面或变化最丰富的面作为主视图（由于运动鞋的行业特性，一般以运动鞋的外怀作为主视图）。确定了主视图之后，即可以勾勒产品的外形轮廓，然后在轮廓内设计各种结构细节，最后是设计产品的各种工艺。虽然是平面图，但可以利用阴影来强调产品表面各部分的相对高度，以及部分凹凸的曲面，使其具有一定的立体感。

　　三视图的绘制方法如下：

　　① 根据运动鞋手绘线稿的绘制方法，绘制出运动鞋的主视图（运动鞋的外怀侧面的结构图），如图4-24所示。

图4-24　运动鞋的主视图

② 根据运动鞋主视图，绘制出运动鞋后视图和俯视图的造型轮廓，如图4-25所示。

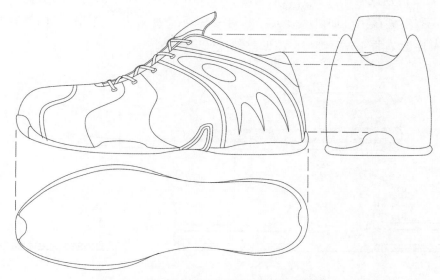

图4-25 运动鞋后视图和俯视图的造型轮廓

③ 最后根据主视图的结构，在运动鞋后视图和俯视图的造型轮廓中绘制出其结构即可。在绘制结构造型时，要注意后视图和俯视图中的所有结构都应该和主视图一一对应，因为三视图是根据产品的正投影关系所得的视图，如图4-26所示。

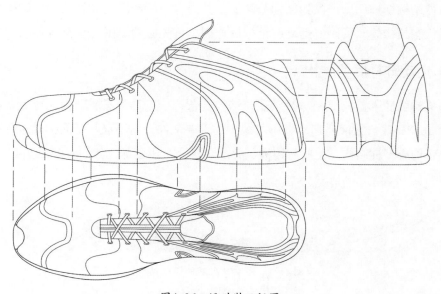

图4-26 运动鞋三视图

当然，有时为了更好地表现产品的形状和结构，可以在某个视图中绘制剖面图（在结构和形状需要特别说明的地方，以假想的平面切开物体，绘制出切口的形状，根据需要给产品剖面打上斜线阴影加以区分），如图4-27所示。如果为了表示产品内部容纳物的情况，例如鞋底凹陷的地方，则可以将凹陷部位标记出来。

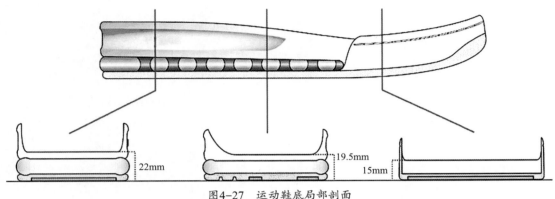

图4-27　运动鞋底局部剖面

4.4　运动鞋结构爆炸图与人机视图表现

4.4.1　运动鞋结构爆炸图

运动鞋结构爆炸图即产品的结构分解图，其内容包括产品的各种结构、结构的功能及产品使用状态的构想。要画好运动鞋结构爆炸图，首先必须了解运动鞋各种结构。

（1）运动鞋鞋底的结构

运动鞋的鞋底部件构成相对数量多，结构复杂，一般具备三层结构甚至更多。

① 大底与中底。大底是运动鞋不可缺少的重要部件，它不仅与帮面构成多种结构，而且还与中底构成多种结构，主要有镶嵌、叠加、融合、压合等，如图4-28至图4-31所示。

图4-28　运动鞋鞋底的镶嵌结构

图4-29 运动鞋鞋底的叠加结构

图4-30 运动鞋鞋底的融合结构

图4-31 运动鞋鞋底的压合结构

② 中底与内底。

a. 嵌入、叠加结构：内底①镶嵌在②④⑤构成的中底圈中，④为中底的嵌入式减震材料，⑤为高弹性材料构架，它叠加在大底③之上，①②③④⑤与大底构成一个完整的鞋底，如图4-32所示。

b. 复合结构：如图4-33所示，③镶嵌在④之中；②叠加在③和④构成的中底之中；而①又叠加在②③④组成的中底圈中；然后①和②③④一起叠加压合在⑤之上，构成完整的运动鞋鞋底。当出现这种复杂结构时我们也称之为运动鞋鞋底的复合结构。

③ 中底与中底。为了满足功能的需要，运动鞋中底往往由多个部件构成，并形成一个复合中底。下面就以较为典型的嵌入、中插结构为例。

嵌入结构在中底的主要受力部位舀空一定的形状，然后再放进一块形状与之相同的填充材料，以增强该部位所需求的功能，如图4-34中的①所示。而中插结构则是夹在两个部件中间的一种功能性材料，如图4-34中的②所示。

（2）帮面与鞋底的结构

帮面与鞋底之间的结构是指帮面与鞋底的结合，一般两者之间的结合形式主要有机械结合法（针车）和化学结合法（胶粘）两种，如图4-35所示。

图4-32 运动鞋鞋底的嵌入、叠加结构

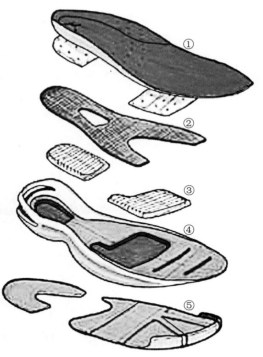

图4-33 运动鞋鞋底的复合结构

图4-34 运动鞋中底与中底的结构

图4-35 帮面与鞋底的结构

（3）饰件与帮面的结构

运动鞋的饰件运用较多，其与帮面的结合基本运用了以下几种方式：缝接、镶嵌、黏合、热切等，而对文字和部分图案可以通过印刷、印压、空压、电锈、电雕等方式，使其与帮面完美地结合，如图4-36所示。

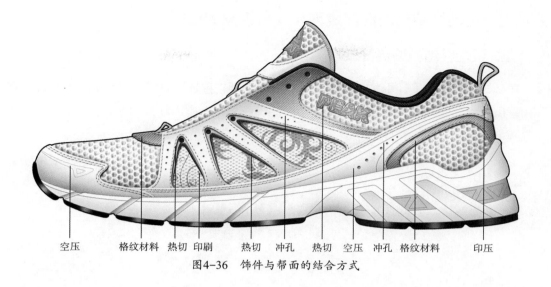

| 空压 | 格纹材料 | 热切 | 印刷 | 热切 | 冲孔 | 热切 | 空压 | 冲孔 | 格纹材料 | 印压 |

图4-36　饰件与帮面的结合方式

（4）帮面部件之间的结构

　　帮面的结构是针对帮面部件之间的关系而言，通常帮面部件的结构主要是部件相压、缝接和拼缝、反接等，如图4-37所示。

图4-37　帮面部件之间的结构

4.4.2　运动鞋结构的局部表现与人机视图的绘制

（1）运动鞋结构的局部表现

在运动鞋的结构设计中，经常会有一些有了某项功能而设计的特殊结构，这时为了使设计更加通俗易懂，有必要对这些特殊结构进行局部放大或解剖，如图4-38所示。

图4-38　局部造型表现

（2）运动鞋人机视图表现

人机视图表现主要表现运动鞋的使用情形，目的在于解释运动鞋的功能和具体作用，就像用图像组成的说明书。假如运动鞋的设计原点就出于功能和使用方式的创新和改进，那么使用状态图就是表达构想的最佳方法。有些产品的使用方式比较特别或者使用时会构成有趣的情景（如童鞋等），也可用使用状态图来进行说明，如图4-39所示。

由于人机视图的重点是表现功能和操作，所以物体可以表现得比较简洁，只需画出主要的形状轮廓以及操作相关的部件，其他细节可以忽略。人机视图可以画成透视图，也可以用三视图中的某一个来表示。只要能清楚地展示产品的使用情况即可。为了能更好地表示产品的作用，可以在图中画出与使用状态密切相关的物体。如图4-40所示，要表示运动鞋的使用功能，可以画出功能部件的结构和使用状态。由于大部分的使用都与人有关，所以同时画上与产品接触的人体部分，在使用状态图中也十分常见，看起来也会觉得亲切易懂。当然，不需要画出具体的人像，只要用简单的示意图来表示就可以了。

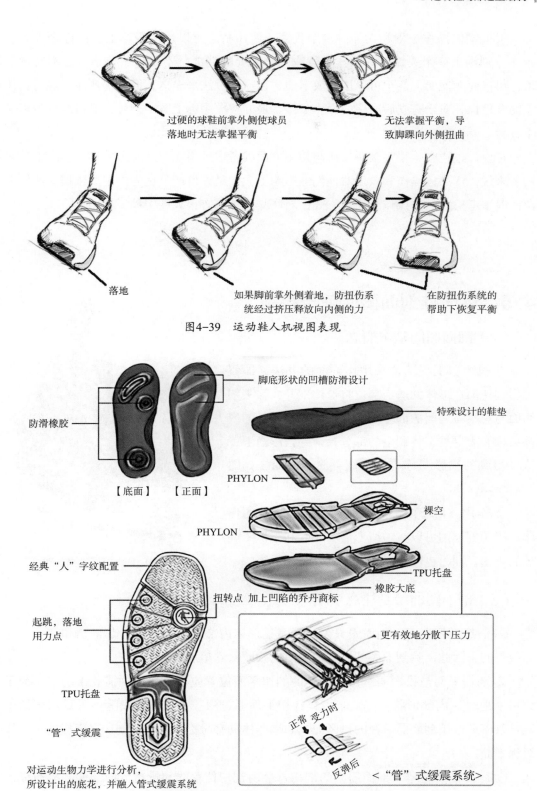

过硬的球鞋前掌外侧使球员落地时无法掌握平衡

无法掌握平衡，导致脚踝向外侧扭曲

落地

如果脚前掌外侧着地，防扭伤系统经过挤压释放向内侧的力

在防扭伤系统的帮助下恢复平衡

图4-39　运动鞋人机视图表现

脚底形状的凹槽防滑设计

防滑橡胶

特殊设计的鞋垫

【底面】　【正面】

PHYLON

PHYLON

裸空

经典"人"字纹配置

扭转点　加上凹陷的乔丹商标

TPU托盘

橡胶大底

起跳，落地用力点

更有效地分散下压力

TPU托盘

"管"式缓震

正常　受力时

反弹后

<"管"式缓震系统>

对运动生物力学进行分析，所设计出的底花，并融入管式缓震系统

图4-40　运动鞋功能部件的结构和使用状态分析

65

根据物体操作过程和功能的复杂程度，使用状态可以用一张以上的图像来表示，每张图分别画出一个关键性的操作步骤或一个主要的功能，不要过于概括，也不要过于烦琐，尽量简明扼要，甚至可以用比较卡通、趣味的手法来表达，但是仍要注意保持物体形象的合理性，对于有先后次序的操作步骤，最好按顺序标上数字记号，显得既有条理又便于查看。

在设计过程中，很多人对操作与使用方面的考虑远不如对外形上的多。实际上，对使用者来说，产品的操作和效用对他们的影响更大，是评价产品优劣的主要依据。所以在画草图时多考虑产品的操作与使用方式，对产品设计会有很大的帮助。

4.5 运动鞋剖面图原理与绘制

（1）剖面图的基本概念

① 概念。工程上常采用作剖面的办法，即假想用剖切面在形体的适当部位将形体剖开，移去剖切面与观察者之间的部分形体，把原来不可见的内部结构变为可见，将剩余的部分投射到投影面上，这样得到的投影图称为剖面图，简称剖面，如图4-41所示。

② 作用。对于内部形状或构造比较复杂的形体，使用剖面图可以将虚线变为实线，利于识图人员的读图，同时也便于标注尺寸。

图4-41　运动鞋剖面图

（2）剖面图的绘制注意事项

① 假想剖切平面。剖面图只是一种表达形体内部结构的方法，其剖切和移去一部分是假想的，因此，除剖面图外的其他视图应按原状完整地画出。

② 剖切平面与投影面平行。形体的剖切平面位置应根据表达的需要来确定。为了完整清晰地表达内部形状，一般来说，剖切平面通过门、窗或孔、槽等不可见部分的中心线，且应平行于剖面图所在的投影面。如果形体具有对称平面，则剖切平面应通过形体的对称平面。

③ 画出剖切符号。剖面图中的剖切符号由剖切位置线和投射方向线两部分组成，剖切位置线用6～10mm长的粗短划线表示，投射方向线用4～6mm长的粗短划线表示。剖面

剖切符号的编号宜采用阿拉伯数字，并水平注写在投射方向线的端部。剖面图的名称应用相应的编号，水平注写在相应剖面图的下方，并在图名下画一条粗实线，其长度以图名所占长度为准。

④ 剖面图的线型。剖到的构件的轮廓线用粗实线表示；没有被剖到的可见轮廓线用中实线表示。

⑤ 断面填充材料图例符号。剖到的断面填充材料符号，不知材料图例时，可用等间距、同方向的45°细实线表示。

⑥ 特殊剖切位置不注剖切符号。对于习惯的剖切位置、半剖、局部剖，可以不标注剖切符号。

⑦ 剖面图中虚线的表达原则。在表达清楚的情况下，剖面图中尽量不画虚线。如图4-42（a）和（b）所示，绘制的图示是水槽的正剖面图和左侧剖面图。

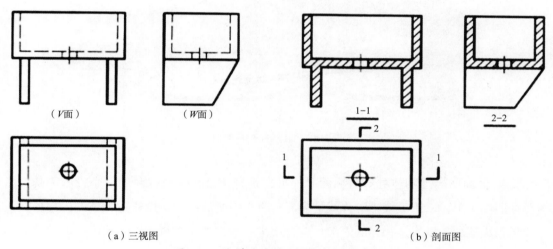

（a）三视图   （b）剖面图

图4-42　水槽的正剖面图和左侧剖面图

分析：

图4-42（a）是水槽的三视图，其3个投影均出现了许多虚线，使图样不清晰。假想用一个通过水槽排水孔轴线且平行于V面的剖切面1-1将水槽剖开，移走前半部分，将剩余部分向V面投射，然后在水槽的断面内画上通用材料图例，即得水槽的正剖面图。同理，可用一个通过水槽排水孔的轴线，且平行于W面的剖切面2-2剖开水槽，移去2-2面的左边部分，然后将形体剩余的部分向W面投射，得到另一个方向的剖面图，图4-42（b）所示为水槽的剖面图。

（3）鞋类产品常用的剖面图种类

采用剖面图的目的是为了更清楚地表达物体内部的形状，因此，如何选择剖切平面的位置就成为画好剖面图的关键。应使所选择的剖切平面位置通过物体上最需要表达的部位，这样才能有利于把物体的内部形状更理想地显示出来。

① 全剖面图。全剖面图是用一个剖切平面把物体整个切开后所画出的剖面图。它多用于某个方向上视图形状不对称或外形虽对称但形状却较简单的物体，如图4-43所示。

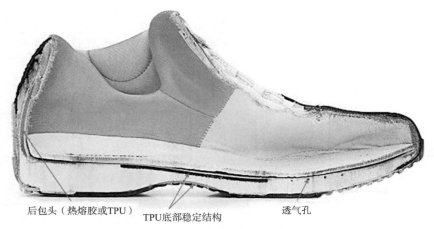

后包头（热熔胶或TPU）　　TPU底部稳定结构　　　　透气孔

图4-43　运动鞋全剖面图

② 半剖面图。当物体具有对称面时，可在垂直于该物体对称面的那个投影（其投影为对称图形）上，以中心线（对称线）为界，将一半画成剖面，以表达物体的内部形状，另一半画成视图，以表达物体的外形，这种由半个剖面和半个视图所组成的图形即称为半剖面，如图4-44所示。

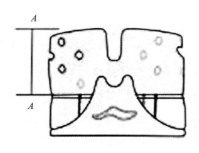
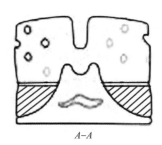

图4-44　运动鞋后视图半剖面图

③ 局部剖面。用剖切平面局部地剖开物体，以显示物体该局部的内部形状，所画出的剖面图称为局部剖面图，如杯形基础的局部剖面图、人行道分层局部剖面图。运动鞋的局部如图4-45所示。

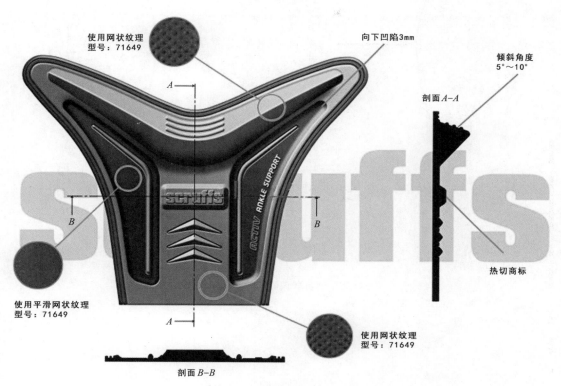

图4-45　运动鞋的局部剖面图

④ 阶梯剖面图。当物体内部的形状比较复杂，而且又分布在不同的层次上时，则可采用几个相互平行的剖切平面对物体进行剖切，然后将各剖切平面所截到的形状同时画在一个剖面图中，所得到的剖面图称为阶梯剖面图，如图4-46中的A-A所示。

在鞋类产品设计的过程中，剖面图是其中一个非常重要的环节，特别是鞋底和装饰部件的剖面图，因为它涉及工程方面的知识，设计师在设计过程中注意这方面的内容有利于设计部门和工程部门的沟通与对接。

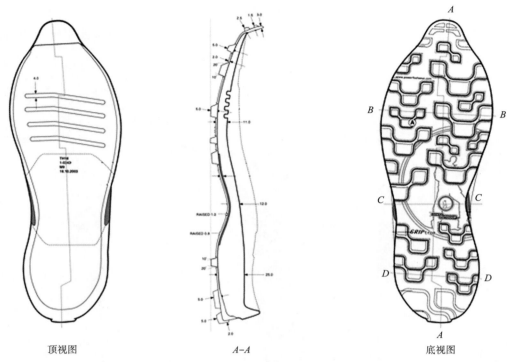

顶视图   *A–A*   底视图

图4-46 运动鞋底的阶梯剖面图示意

5 鞋样效果图表现技法

5.1 鞋样素描表现技法

从广义上讲，素描是用单色在平面上塑造形体，用这种形式来表现鞋样的主体效果。素描画法包括线的画法与调子画法两部分。

5.1.1 线的画法

线是绘画造型中的重要手段。线的运用讲究顺畅、顿挫等。在表现鞋样设计的时候，要注意用线简洁，有表现力。从效果的角度，线分为匀线和粗细线。

①匀线画法。匀线画法即所画线条粗细均匀，清晰流畅。常用于结构图，此外为表现轻质的面料，或者为了表现鞋样的轻便也会采用匀线法，如图5-1和图5-2所示。工具为复印纸、铅笔等。

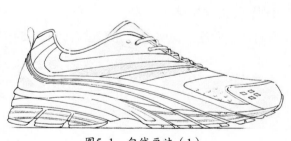

图5-1　匀线画法（1）

图5-2　匀线画法（2）

②粗细线画法。粗细线画法即所画线条粗细兼具，生动多变。线条的粗细搭配能够表现出鞋样的层次感、空间感。通常用于设计草图及效果图的绘制中，适合表现较厚的面料或强调体积感的鞋类，尤其是鞋底和统口的位置，通过近实远虚的粗细表达，可更好地表现出体积感。粗细线也包括不规则的线，如图5-3和图5-4所示。工具为铅笔、书法钢笔（美工笔）。

图5-3 粗细线画法（1）

图5-4 粗细线画法（2）

线是造型设计的基础，无论运用什么绘画技法和绘画工具，都会用到线，所以大量的练习是必要的，初学者平时要养成运用连贯线条勾画物体的习惯。

5.1.2 调子的画法

所谓调子的画法，就是黑白灰关系的表现。在素描画法中，通过调子的深浅来表现鞋样部件的阴影、明暗交界线和亮部等，以表现体积感和空间感的效果。在进行调子的画法时要注意多数情况下高光是留出来的（也可用橡皮擦出来）。另外，为了防止和减少摩擦对画面造成损坏，可在完成的画面上喷适量的定画剂。鞋样结构和明暗关系表现如图5-5至图5-7所示。工具为纸（素描纸、复印纸）、铅笔。

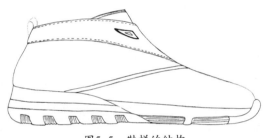

图5-5 鞋样的结构

所谓调子即通过铅笔排出的细线变化来表现鞋样的层次感、立体感。

首先从鞋样部件的明暗交界线和结构线画起，然后逐渐向暗部、亮部过渡，如图5-6所示。

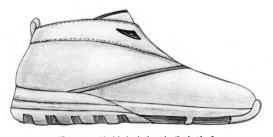

图5-6 绘制出大概的明暗关系

图5-7 鞋样素描效果

注意线一定要排得细密、整齐，绘画过程中要注意保持画面的整洁、干净，并注意部件之间的投影关系和细节的处理，如图5-7所示。

另外，注意在鞋样素描表现时主要以轻淡的素描关系来表现材料的质感为主，无须表现出强烈的黑白灰关系。

5.2　鞋样彩色铅笔表现技法

彩铅是比较容易掌握的绘画工具。在鞋类效果图的绘制过程中，切忌在原有的图形上反复涂抹，尽量选用不同的色彩，不同深浅的笔一次性涂饰成功，在笔与笔的相交处力求衔接好。运笔中既要杜绝画面发腻，又要保持画面生动。

5.2.1　彩色铅笔表现技法的特点

① 对调子的细微变化和层次的把握较为容易。

② 从彩铅表现技法上看，掌握它靠的是设计者的素描功底，如果素描能力很差，彩铅技法效果图就无法画得很好，需要通过大量的练习才能画好。

③ 彩铅画出的颜色（主要指某些纯色）与同一种水粉或水彩画出的颜色相比，在纯度上要略逊一筹。

5.2.2　彩色铅笔及其运用

彩色铅笔的特点是方便、易于掌握。但是用它来绘制精细的设计作品还需要一定的练习。从性能上看，彩色铅笔可分为普通彩色铅笔和水溶性彩色铅笔两种。从目前市场上看，水溶彩铅色性要比普通彩铅好，而且水溶彩铅颜色之间能相互交融调配，普通彩铅由于含有较多蜡，在这方面就很难做到。在笔的颜色种类上尽量多准备一些。

（1）普通彩色铅笔

普通彩色铅笔比较常见，如图5-8和图5-9所示，多数人很早就接触到。使用方便，色彩附着力不强，但色牢度较强，不易褪色，而且也不容易擦干净，所以起稿时最好先使用软硬合适的素描铅笔（B、2B自动铅笔）。

图5-8　普通彩色铅笔

图5-9　彩色铅笔

普通彩色铅笔的着色度较差，没有反光，所以不能一次性将某种颜色上得很理想，只能通过多次覆盖将颜色逐渐变浓。同时，要注意用笔的力度不宜过大，否则会损伤纸面肌理，形成死板的画面，从而影响到整体画面的效果。彩色铅笔的笔尖需要及时修正，宽粗的笔尖适合粗犷、洒脱的绘画风格；而如果想要画面精致、细腻，笔尖则需要尖锐一些。另外，绘画时还应注意画面的整洁。

工具：复印纸、素描纸、彩色铅笔、铅笔（B、2B自动铅笔）。

作画步骤：

① 绘制出鞋样的结构样式，如图5-10所示。运用素描调子的画法，如图5-11所示。

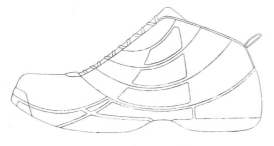

图5-10　鞋样的结构样式

图5-11　彩色铅笔的基本调子

② 强调暗部、亮部（多数情况是上色时留出亮部）的对比，这里所强调的对比不仅是明暗的对比，还包括色相的对比和冷暖的对比，如图5-12所示。

③ 强调鞋样的过渡部分。从暗部到亮部的过渡要均匀，色彩的过渡要柔和。

④ 调整画面整体效果。若高光不够，则用橡皮擦出高光（注意不要破坏整体效果），如图5-13所示。

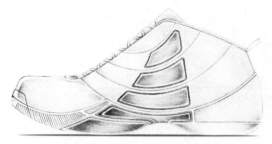

图5-12 彩色铅笔画法的大致效果

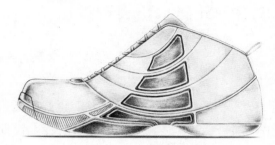

图5-13 彩色铅笔效果图

（2）水溶性彩色铅笔

水溶性彩色铅笔不仅具备普通彩色铅笔的所有性能，还具有水溶性的特点，很多设计师都喜欢选择水溶性彩色铅笔来进行绘画，因为它使用方便，且容易达到所想要的色彩效果。相对于普通彩色铅笔而言，水溶性彩色铅笔的铅芯更软一些，更细腻一些，画完可以用毛笔蘸上清水在画面上刷出水彩效果，这主要是遇到水的彩色铅笔就会被溶解，出现像水彩一样的效果。

彩色铅笔因品牌不同、价格不同，质量也就有所不同，如图5-14所示。优质彩色铅笔的铅芯细腻、易上色，且着色均匀、色相准确。所以为了达到整洁统一的效果，应选择同一品牌的优质彩色铅笔，同时根据水溶性的特性，画纸应质地细实，表面有一定的粗糙度，但纹理又不能太大且质感均匀，当彩色铅笔附着于纸的纹理凸起部分时，会与凹陷部分形成空间混合，从而给人一种透气感。除此之外，绘画时还可以选用有色纸和肌理纸，也会产生独特的效果。

图5-14 水溶性彩色铅笔

工具：绘图纸、素描纸等以及铅笔、水溶性彩色铅笔。

作图步骤：与普通彩色铅笔相同，如果需要水溶的效果，则可以在普通彩色铅笔的②～④步骤上穿插运用，最终效果如图5-15所示。

图5-15 水溶性彩铅效果图

5.3 鞋样水粉表现技法

鞋样水粉表现技法是一种较为常见的效果图表现方法。水粉画法表现力较强，它能将鞋样造型、色彩、质感准确表现出来。

水粉颜色又称广告色，具有很好的覆盖力，色泽鲜艳、浑厚、不透明，用水调和作画，便于大面积涂敷，是从事各种专业设计工作人员经常采用的材料。水粉画表现力细腻、精确，可控制性强，能将被表现物体的造型特征精致而准确地表现出来。

5.3.1 水粉画的特点

水粉画表现效果如何，一方面需要设计师具备素描和色彩两方面较扎实的基础，另一方面需在大量水粉画中掌握它的固有特点。只有这样才能较好地用水粉画表达好设计师的设计意图。

水粉画由于其颜料的固有属性，它的色彩在干和湿两种情况下显现出一种变化特点，即当水粉颜料通过水这种媒介调制后画在纸上，湿的时候色彩看上去比较鲜艳，明度符合要求；但干了之后，颜色鲜艳度有所下降，明度也略浅一些。因此，要求绘画者当需要色彩鲜艳和较暗时，尽量不要混入白色，而是充分利用色彩本身的纯度和明度。水粉画另一特点是它具有很强的色彩覆盖力，便于细节刻画和反复进行修改。

基于水粉颜料的特点，在绘画时可以在正稿的旁边准备一张纸，用于试色。

5.3.2 水粉画常用工具和材料

（1）颜料

水粉色使用矿物、化学或植物颜料粉与结合剂调成，市场上出售的有瓶装和管装两种，比较其性能，管装颜料色质更细腻，携带也方便。水粉颜料具有较强的表现力，能将产品的形态、色彩和质感精确地表现出来，颜料与水混合时不要调得过浓或过稀，过浓时则带有黏性，难以把笔拖开，颜色层也显得过于干枯，以至于开裂；过稀时颜色会不均匀，有损画面的美感。水粉颜料如图5-16和图5-17所示。

（2）画笔

常用画笔的有扁平水粉笔和毛笔两种，以蓄水量大者为好。扁平水粉笔可备有四五只不同规格的，毛笔可选用大白云、小白云，细部刻画用衣纹笔即可。另外，应该准备二三种不同规格的板刷，用来刷大面积的底色。画笔和板刷如图5-18至图5-20所示。

图5-16　瓶装水粉颜料

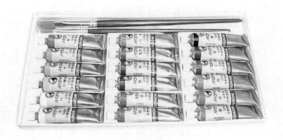

图5-17　管装水粉颜料

图5-18　扁平水粉笔

图5-19　大白云毛笔

图5-20　不同规格的板刷

（3）纸张

常用的纸张有水彩纸、水粉纸、白卡纸和绘图纸等。这些纸皆有纸质坚而紧、吸水少、不渗化的特性。各种纸的质地不同，表现的效果也略有差异。水彩纸吸水性好，纹理均匀，颜色的附着力极好，能够多次重复覆盖，薄厚画法均宜，但细节刻画会受纸张表面粗糙纹理的影响。白卡纸表面光洁，行笔顺畅，非常有利于描绘细节，显色性又较好，备受专业设计师青睐，但由于纸质平滑，颜色不宜画得过厚。另外，有色纸也可以用来作画，处理得当效果也很好。作画时应预先将纸裱在画板上，可以避免皱褶变形。

5.3.3　水粉表现技法

由于水粉表现技法的形式多种多样，有干画法和湿画法之分，其中湿画法又分为刷底色和淡彩等，以下以刷底色表现为例进行讲解。

一般先用底纹色涂刷出画面的基本色调，但涂刷的颜色中应尽量不要添加白色，因为白色易反色，使画面显得较灰。画法上要注意，每画一遍颜色往往要覆盖于前一遍颜色，因此所画次数不能太多，适宜整体作画。

（1）鞋类水粉效果图一般步骤

① 构图、起稿。鞋类产品造型严谨，因而起稿画鞋类产品形态要能准确地表现出设计者的款式构思特点。最好先用HB铅笔在纸上打好准确、具体的鞋类式样轮廓，包括部件具体形状、装饰件等。在构图上要注意鞋类产品大小合适，位置恰当。

② 上色表现。根据水粉画特点，一般水粉上色表现，多从暗部色调画起，然后逐渐向较亮色调和亮部色调推移，这样既使暗调子比较纯净，不显粉气，同时又有利于控制调子的层次变化。也可以从较大面积的较亮色调画起，然后加重暗部色调，继而提出亮部色调。由于水粉颜料覆盖较强，因此，水粉表现鞋类产品的上色步骤也就比较灵活自由。

③ 深入刻画。鞋类产品经过初步上色表现，大致色彩和形态效果已经出来。深入刻画是要求画图者从整体的大效果逐渐转入局部的形体、质感和颜色的把握上，细心刻画应于表现的每一处细节。同时，还应注意不能因其局部刻画而破坏鞋类产品着色的整体效果。

（2）具体步骤

① 在空白纸张上绘制出鞋样的结构样式，如图5-21所示，然后在绘制好的鞋样结构样图上刷上想要的底色。刷底色主要是借助底色来表现，因此应以鞋样的主色调为底色，刷底色时切记要一气呵成，避免反复涂刷，至于底色肌理可根据表现的需要进行处理，如图5-22所示。

图5-21　鞋样的结构样式

图5-22　刷底色

②刷完底色后要等其完全干透了再进一步绘制，建议在刷完底色的稿子上再描一遍鞋样的结构，因为刷完底色后之前的结构会模糊掉，如图5-23所示，接下来的表现只需根据明暗关系绘制出鞋样的效果（因为主要是借助底色来表现，所以在效果表现时只要绘制出与底色不同部件的明暗关系，而借助底色表现的部件则只要在其暗部加重、亮部提亮即可，绘制出大体效果后要注意一些细节的表现（如投影、五金件等），如图5-24所示。

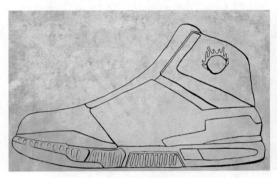

图5-23　重描鞋样结构

图5-24　鞋样的大体效果

③最后就是整体画面的调整与处理。这时候要注意画面中黑白灰的关系是否理想；高光是否上了，是否合理，投影是否到位；还有底色是否有败笔，如何处理等问题；只要把这些问题都解决了，就能将水粉效果图画好，如图5-25所示。

图5-25　最终效果图

（3）其他水粉表现技法

如图5-26所示为水粉淡彩技法效果；图5-27所示为水粉表现技法的干画法表现效果；图5-28所示为水粉表现技法的特种纸表现效果。

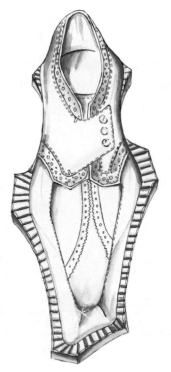

图5-26 水粉淡彩技法效果

图5-27 干画法表现效果

图5-28 特种纸表现效果

5.4 鞋样马克笔表现技法

5.4.1 基本概念

马克笔又称麦克笔、毡头笔。使用方便、快捷，画面效果干净，而且不会像水彩、水粉等那样易引起纸面缩水变形，它可以直接在素描、速写本上进行创作。适用于鞋类效果图等的快速表现，同时，马克笔在建筑画、工业造型设计效果图和服装效果图中被广泛运用。

马克笔的笔尖有不同的形状和规格，如扁头、尖头、圆头、针头等，笔尖的选择取决于绘画的需要。但效果图的笔触和色彩在绘画之前应该有所思考，因为用马克笔绘画是一气呵成的，很难再修改。马克笔示例如图5-29和图5-30所示。

使用马克笔进行绘画时，笔触交叠的部分颜色会加深，也就是说同一种颜色经过两次覆盖会使颜色更深，覆盖的次数与深度成正比，但是超过5次后，其效果就不明显了，甚至会因纸面起毛而破坏绘图效果。另外，两种或两种以上的颜色交叠配成新色使用时，应先上浅的颜色，后上深的颜色，若要使后一层笔触边缘线清楚，则应等前一层颜色干了之后再进行绘制。反之，若要边缘线柔和，则在上一笔没完全干的情况下，马上进行绘制。最后，画面中的高光和亮部，可以留出空白或者利用水粉中的白色加以修饰，使整个画面更加精致、美观。设计者需要反复练习与使用，才能将这些技巧掌握并熟练运用。

马克笔有水性、油性和酒精性之分，油性马克笔颜色的扩散和着色力比水性马克笔要强一些，它可以在不同材料的表面进行绘画，如木板、塑料、亚麻布等。其他使用性能基本一致。马克笔的颜色十分丰富，有上百种色相可供选择，所以要熟悉马克笔的使用功能，利用其特点迅速地绘制出设计灵感。此外，马克笔还可以与水彩、水粉、彩色铅笔等混合使用。

图5-29 马克笔（1）

图5-30 马克笔（2）

5.4.2 马克笔画法

（1）平涂画法

平涂是马克笔画法中基本的笔法之一，徒手平涂最容易表现塑胶、电镀、玻璃等材质。但徒手平涂也最容易留下明显的接触笔触，通常运用较浅色的马克笔重复平涂，使笔触匀干减弱。平涂画法效果示例如图5-31和图5-32所示。

图5-31　马克笔平涂画法（1）

图5-32　马克笔平涂画法（2）

绘图时应注意光线变化，如有反光、投影，要用适当的笔触加以表现，有不同的笔触才不会使画面呆板、失真。不能在画面上平涂一种颜色了事，若以相同的色相、笔法、笔调、明度来表现，就不能使画面生动。多次平涂也会使颜色更深（水性马克笔尤为明显），对于不同的材质，各有不同的表现方法，有些要求留下笔触，而有些则要求减弱笔触，但最主要的原则是不要使笔触过于凌乱，否则就会杂乱无章。琐碎的笔触会破坏画面的完整性，笔触要一气呵成，贯穿始终，要避免因犹豫不决而产生的顿挫、重复、中断、轻重不一的现象。同时，还要注意纸张的厚度，若纸张过薄，则会起毛，影响整体效果。

（2）渐变画法

市面上的马克笔无论是灰冷、暖灰，还是其他颜色，都是按照色阶渐次变化而产生的，这也使得设计师在绘制精细效果图时，更容易掌握明暗的变化。尤其是在绘制圆柱体类、曲面体类的造型时，渐变色的优点更是发挥得淋漓尽致，如图5-33和图5-34所示。

冷灰系列颜色略带一点蓝色调，最容易体现不锈钢及电镀表面处理的材料，而暖灰系列颜色则略带有黄暖色调，在表现产品材质时要注意冷灰和暖灰两种系列笔的选择。

马克笔的渐变画法，首先要用铅笔将鞋类产品的轮廓画好，根据预想色彩要求，选择三四种同类色深浅不同的马克笔，沿着鞋长度方向和较大的结构部位，将最浅颜色画在鞋头部或帮部件的高光两边，然后依次用较深颜色向两边推移就可以了。最后用黑色马克笔细头勾轮廓，粗头表现阴影，通常应用在鞋类产品的底部和后跟部位。

 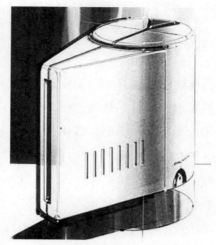

图5-33　马克笔渐变画法（1）　　　　　图5-34　马克笔渐变画法（2）

5.4.3　马克笔画法的注意事项

①绘画者可以选择新旧不同的马克笔，以体现不同的画面效果，旧马克笔笔触有自然的飞白效果，如图5-35和图5-36所示。

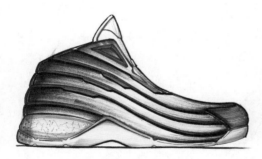 

图5-35　马克笔的飞白效果（1）　　　　　图5-36　马克笔的飞白效果（2）

②在绘画过程中可根据材质需要选择工具辅助。

③绘图着色尽量一次性完成，避免多次重复。

④为避免水分挥发，马克笔使用后应及时将笔盖盖紧。

5.4.4　鞋样马克笔绘图工具及步骤

（1）工具

工具有复印纸、绘图纸、铅笔、马克笔等。

（2）步骤

① 构图。

② 绘制出鞋样的结构，注意线条要简洁、明了，如图5-37所示。

③ 上色。顺着鞋样的结构线用笔，通常在上色时就留出高光的位置，从亮部色调或浅色部分画起，逐渐推画到暗部或深色部分，在暗部可上一些重色，如黑色、深蓝等颜色，如图5-38和图5-39所示。

④ 深入刻画。细致描绘鞋样的质感、肌理、五金件等。

⑤ 调整画面整体效果。再次检验暗部、过渡色、高光是否准确（可利用彩色铅笔来调整效果），最终效果如图5-40所示。

图5-37　鞋样的结构

图5-38　鞋样的灰白关系

图5-39　鞋样的灰白过渡

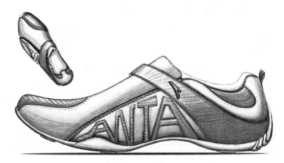

图5-40　马克笔表现最终效果

5.5 鞋样综合表现技法

5.5.1 综合表现技法

所谓综合表现技法，是指将两种以上的材料技法合成在一张画面上。因为每一种技法都具有表现最佳材料质感的优点，所以如果一张鞋类效果图中有几种不同材质的材料，那么采用与之相适应的多种技法去表现，就能更好地体现出鞋类效果图的质感。综合表现技法的目的是为了加强鞋类材料的质感，使其效果更加逼真。如图5-41所示为马克笔与彩色铅笔的综合表现。

图5-41 马克笔与彩色铅笔的综合表现

综合表现技法是一种比较灵活的画法，可以根据鞋类产品的造型特点、表现材质的不同而定。可将水彩、水粉、马克笔、色粉笔、彩色铅笔、油画棒等材料结合起来使用，能快捷有效地突出体现主题的形态、结构、质感、光影等。但如果混在一起的颜色把握不好，则容易弄脏画面。因此在给画面上色时，最好先上水彩、水粉或彩色铅笔，然后着色粉。还要注意的是：彩色铅笔的附色力较弱，不易表现纯度高的颜色。马克笔的笔触排列要尽量整齐，否则容易出现脏、乱现象。

综合表现画法打破了单一工具材料描绘的局限性，取各类工具之长，能在技法上不拘一格，是一种较为自由的个性化的表现形式和技法手段。为突出个性化设计思维、设计构想等的表达，设计者可根据自己的喜好，在鞋样造型设计工作中随意选择上述技法进行表现，只要感觉良好可以不拘形式。

综合表现技法的特点是：自由、随意、活泼、浪漫、潇洒、奔放。所以，综合表现技法也可称之为"自由表现法"，适合设计者个性、灵感、创造性思维的发挥，将综合表现技法推向一个新的高度和领域，如图5-42所示。

图5-42　马克笔与铅笔的综合运用

5.5.2　特殊技法

特殊技法则采用有别于一般惯用的工具材料的方法来作画。如采用其他颜料或添加利用其他材料；不用画笔着色，而用滴、喷、撒、刮、擦、吸、洗、印、贴等方法，使画面产生特殊的美感效果。

（1）滴

滴就是当画面涂色未干时，用画笔或其他工具蘸多量的水色滴绘，通过水色渗化，形成各种朦胧的点线、块或积层的方法，用色滴点可称渗化法，用水滴点可称冲浸法。滴的方法可分点滴、连续点滴、反复点滴，形成边缘模糊、不似又似的物像，具有自然、柔和、轻盈、虚幻的艺术效果，表现灯光、火光、皮毛、倒影等尤为合适。

在现代效果图中，有的作画者除用点滴的方法外，还利用水色流动成渍，连续点滴成形，重复点滴成积，甚至以水的多次反复流淌造成极为丰富的变化，形成极为生动的形象，如图5-43所示。

图5-43　水色流动成渍的运用

（2）喷

喷是指对画面喷水喷色的方法。在宣传画、装饰画、工艺美术设计中广泛运用，对调整画面色彩、统一色调以及表现雨雾飞雪都具有良好的效果。

喷一般是用毛刷通过纱网喷洒，也可以用喷枪或简易的喷嘴等工具。为增加画面朦胧之感，可趁画面湿时喷水，可在所绘的雨景、雪景未干时喷不等量的水点。

喷时注意以下几点：

① 喷雾器和画面要保持适当的距离，使喷雾均匀。

② 画面于不同湿度程度下喷雾，具有不同的隐现效果，画面过湿，点大而模糊或与底色融成一片看不出水渍；画面未干仍有光泽时喷雾，点小而清晰；画面已干，喷雾难以出现亮点。

③ 喷色要考虑喷与底色结合后的效果，是局部喷还是全面喷，或是遮挡喷，都要根据需要选择。

（3）撒

撒是指在画面上撒盐、糖或其他吸水性的物质，如锯末、面包屑等，使画面形成美丽的斑点和肌理的方法。它和喷的方法相类似，但可受到手的用力、方向和意图的控制。在画面未干时撒，可以形成各种浅色斑点和肌理。

形状大小和聚散由所撒物质的集散分布状况而定，故撒必须斟酌用量。撒盐（食盐）开始一定要少撒，因为它在画面上尚未溶化，并未产生斑点效果，直至被水溶化后才会显现出来，如果过量则会失控。

　　另外，纸面的水色状况与撒后的效果关系极大，必须有所预估。一般来说，底色水多色浅，形成的斑纹大而模糊；底色水少色深，形成的斑点小而清晰，对其状况的掌握则需要实践经验。

　　撒的方法也可有多种变化。它不仅可在底色上撒，还可以在底色上再铺色撒盐，在底色中掺用染性颜料，以及在已形成的斑点再进行补色，采用这种方法可以形成画笔难以达到的效果，如图5-44所示。

图5-44　撒盐表现技法的应用

（4）刮

　　刮是指用坚硬或锐利的工具，在干湿不同的纸面上刮出不同痕迹的方法。一般都采用刀刮，这种方法多用于在画面上刮出浅色或深色的线条。用笔杆或刀柄在底色未干时刮动，可出现柔和的浅色线条。用锐利的刀尖刮破纸面则可出现深色的线条。如纸面已干又可出现明亮的点、线，以其深浅不同可用来表现鞋面的肌理和结构等。采用刀刮出来的点、线比一般留空省力而自然。刮时只要注意刮的力度、缓疾等手法，便可以根据需要形成不同的效果。

　　刮不仅可以刮出各种点线，还可以在刮出的点线上着色，在刮动前垫色，甚至用刀、木片、竹片、金属或玻璃片等在未干的颜色上刮动，使颜色在画面上形成不均匀堆积，用以表现各种形象和纹理，如图5-45和图5-46所示。

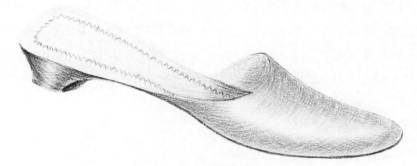

图5-45　先刮后上色的表现效果

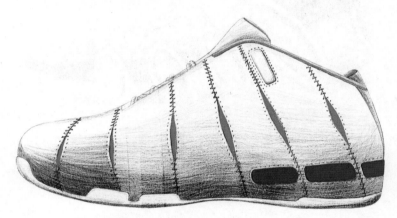

图5-46　先上色后刮的表现效果

（5）擦

擦这种方法并非中国画里所指皴擦之意，而是指用橡皮、砂纸或其他工具对画面擦拭，用以表现对象的方法。它的作用不只是用于画面修改，还可用橡皮在已干的画面上擦拭，形成柔和的浅色点、线、面，形成减弱明暗色彩差距的良好效果，如图5-47所示。但使用时要细心，擦坏的画面是难以弥补的。

（6）吸

吸是用画笔、海绵、吸水纸等有吸水性能的工具，吸揩去画面部分的水色，以

图5-47　皴擦效果表现

表现对象的方法，吸取画面的多余色来提取明部、浅色。一般在画面底色未干时进行，如趁湿吸揩出烟雾、物像高光、明部、反光等。如画面颜色已干，可用水浸湿后再行吸揩，但不如趁湿吸拭得那样柔和自然，也比较难于掌握。这种方法不宜过多使用，多则形体松散，画面漂浮并缺乏色感。吸取技法的应用如图5-48所示。

图5-48　吸取技法的应用

（7）洗

洗是指用水洗来表现物像，可以在画面上局部洗，也可以全面洗；还可以反复画、反复洗、洗后再作补加。为提取亮部、削减细节、柔和形体、去掉生硬痕迹等，都可以湿水洗擦。采用洗的方法，需要厚而坚实的粗纹水彩纸。一般细纹纸容易洗去，但洗处过于光泽单调；粗纹纸不易洗去，但可出现多种不同层次。洗亮技法的应用如图5-49所示。洗和擦是经常连在一起使用的，一般用硬一点的毛笔，如面积大则要用板刷了。

图5-49　洗亮技法的应用

（8）印

印是指将另外一块物体表面所表现的纹理或物像形、色转印到画面上去的方法。在富有肌理的物体表面上涂色，然后用画纸复印在上面，将肌理纹样转印下来。利用那些印出来的纹理及残存的样貌，作为画面的组成部分。还可以在未能显现的部分做进一步的加工、调整和再描绘。采用这种方法，选用恰当的版面质地纹理是至关重要的。这大概是受到版画制作拓印方法的影响所创造出来的。

如图5-50所示为采用了彩铅描绘结合拓印的方法，鞋跟有规律的凹凸不平的质感是通过拓印的方法表现出来的，放在画面中极为合适。

图5-50 拓印技法的应用

（9）贴

贴是指利用各种彩色纸来拼贴鞋靴效果，也能产生富有创意的效果。彩纸的来源可以是各种废弃的报纸杂志、挂历或瓦楞纸、平绒纸、蜡光纸、吹塑纸以及各种加工过的纸张等。由于纸同样具备色彩、质地的差异，因而形成了丰富多彩的对比效果。拼贴时应取局部的大效果，让色彩纹样尽量接近创作的意图和需要，并竭力追求代用和巧借。

如图5-51所示是利用报纸期刊进行拼贴法的鞋靴效果图。作者将报纸期刊相近色彩的部分裁剪后，巧妙地结合在画面结构中，给人耳目一新的感觉，充分体现了女靴的时尚感。

图5-51 剪贴技法的应用

对效果图特殊技法的研究和使用，必须在掌握基本技法的基础上进行，不应由此而放松严格的基本训练。墨守成规难以表现作者丰富的想象和复杂变幻的物质世界，滥用技法则会产生空洞、浮华，而失去技法创造的意义。

5.6 鞋样材料质感的表现

5.6.1 皮革面料的表现

皮革面料主要指用于制作帮面的天然皮革和人造皮革。天然皮革一般采用的是猪、牛、羊、马等皮料制成，其主要特征在于它光滑的外观和较强的光泽（天然皮革的光感比人造皮革的光感要柔和、丰满）。

表现皮革面料的质感，着重在于抓光泽感，还要表现出皮革的肌理效果。一般用写实的手法来体现，也可用水彩或水墨、彩色铅笔、马克笔等方法来表现。但由于皮革的种类繁多，而不同种类的皮革的表现方法也不同。

（1）正面革

正面革是带有真皮层的动物皮革（头层皮、真皮类），是一种最接近于天然原皮特性的产品。这种皮革在光线照射下质地均匀细腻，高光过渡较柔和，有一定亮度的反光，在皮鞋、休闲鞋中被广泛应用，在表现技法中比较适宜电脑辅助表现、喷绘、水粉和彩色铅笔等表现形式，如图5-52至图5-54所示。

图5-52 正面革

图5-53 正面革在鞋样中的运用

图5-54　正面革的表现

（2）漆革

漆革是在皮革的表层喷上了一层树脂，形成类似漆面光亮的涂饰层，其表面光滑、明亮、鲜艳，因此，漆革的高光和反光较其他皮革要亮一些，而且高光和反光都比较突然，面积也较大。它常用于篮球鞋、跑鞋和时装鞋的制作，漆革适合的表现形式较多，比较常用的有马克笔表现、水粉表现及电脑辅助表现等，如图5-55至图5-57所示。

图5-55　漆革

图5-56　漆革的表现

图5-57　漆革在鞋样中的运用

（3）绒面革和磨砂革

绒面革是指表面呈绒状的皮革。一般用羊皮、牛皮、猪皮、鹿皮等生产，利用皮革正面（长毛的一面）经磨制而成的称为正绒革；利用皮革反面（肉面）经磨制而成的称为反绒革（反毛皮）。磨砂革的制作方法与绒面革非常相似，只是皮革表面没有绒状纤维，外观看上去更像水砂纸一样（牛巴革），这一类皮革在受光时基本上没有高光和反光，加上其调子过渡缓慢，因此在效果图绘制时要抓住这些特点。这一类皮革比较适合电脑辅助表现、彩色铅笔表现、水粉表现等技法，如图5-58至图5-61所示。

图5-58　绒面革

图5-59　磨砂革

图5-60　绒面革在鞋样中的运用

图5-61　磨砂革的应用

（4）油鞣革

油鞣革是一种视觉效果比较特殊的皮革，较适合用来做一些风格粗犷的皮鞋等。油鞣革的特殊处理工艺，使这种皮革呈现一种油脂感，调子变化微妙、细腻。这种皮革的高光和反光比较柔和，比较适合水粉表现、马克笔表现等技法，如图5-62和图5-63所示。

图5-62 油鞣革

图5-63 油鞣革的应用

（5）毛皮类

毛皮面料给人以毛茸茸的感觉，由于皮毛的种类不同，曲直形状不同，粗细程度和软硬程度不同，因而其表现的外观效果也不同。绘制时可以从毛的走向和结构入手，也可从皮毛的斑纹着手。如水彩点染法、撒丝法等，毛皮面料比较适合水粉表现、彩色铅笔表现和电脑辅助表现等技法，如图5-64至图5-66所示。

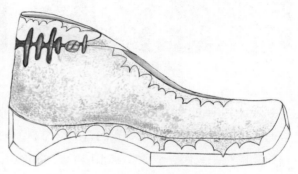

图5-64 毛皮面料表现（1）

图5-65 毛皮面料表现（2）

图5-66 毛皮面料表现（3）

5.6.2 纺织材料的表现

目前，世界各国都广泛采用合成纤维材料作为鞋用材料，鞋面布的绝大多数是合成纤维织物，尤以涤纶、棉纶等合成纤维为多，也有采用合成纤维与棉麻混纺织物的。合成纤维织物有很好的综合性能，并有良好的穿着性能指标，被认为是理想的鞋用织物，如图5-67和图5-68所示。

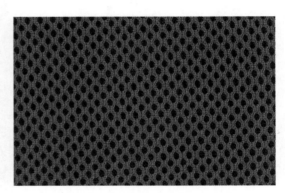

图5-67　化纤类天鹅绒　　　　　　　　　　图5-68　网眼布

合成纤维织物质地稍硬，表面粗糙，纹理清晰。由于肌理关系，这类面料没有高光，但有一定的反光，在表现鞋靴的合成纤维材质时，除了注意它的受光特点以外，最好能画出织物的组织纹路，线条要有粗细、虚实的变化，这样合成纤维织物的质感才能表现得比较充分。合成纤维织物的质感适合用水粉、彩色铅笔及电脑辅助表现等技法，如图5-69至图5-71所示。

图5-69　纺织材料的表现（1）　　　　　　图5-70　纺织材料的表现（2）

图5-71　网眼布的表现

5.7　鞋样电脑辅助表现

电脑效果图是鞋类造型设计理想的表现方式之一，是将设计构思通过计算机软件进行编辑等方法成为可视成品鞋形象的一种手段，电脑效果图是造型、色彩、质感、比例、光影的综合表现。在主流鞋类效果图中一般分为两种形式：一是纯绘图软件表现的电脑效果图；二是先通过手绘效果，然后经过绘图软件进行处理的电脑综合效果图。

5.7.1　电脑效果图的绘制

电脑效果图的绘制主要是通过图层样式来制作，在《PhotoshopCS运动鞋设计与配色》一书中详细介绍了电脑效果图绘制的具体方法，在这里只讲电脑效果图绘制的一些重要步骤，而其他的就不一一讲述了。

（1）部件配色的绘制

①画完休闲鞋的结构路径之后，选择画笔工具，并将画笔大小改为1，其他参数不变。然后选择路径一，回到图层面板新建一个图层（之后的配色中，每做一个部件都要新建一个图层，这是为了后面方便给鞋子做效果），接着选择路径工具，然后在画面中单击鼠标右键，在其弹出的对话框中选择"描边路径"选项，这时候会弹出描边路径对话框，在对话框的工具栏中选择画笔工具，然后单击"好"，描边即可完成，如图5-72和图5-73所示。

②描完边之后回到路径面板，在其空白处单击一下可退出描边路径。然后选择魔棒工具，并在其属性栏里选择"添加到选区"选项，接着就可以选取所要配色的部件了。首先，选取鞋底的大底部分，然后单击"选择"菜单，在其下拉菜单中选择"修改"选项中的"扩展"选项（也可按Alt+S+M+E），之后在弹出"扩展选区"对话框中输入1，单击"好"即可（这是因为之前描边时用的是一个像素），接着新建一个图层，如图5-74和图5-75所示。

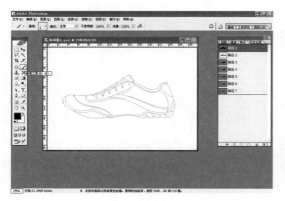

图5-72　画笔预设

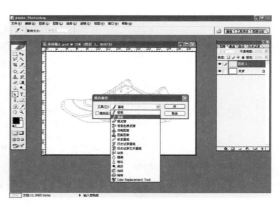

图5-73　描边路径

图5-74　选择选区

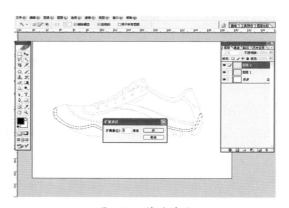

图5-75　修改选区

③在拾色器选择所要的颜色，然后单击"编辑"菜单，在其下拉菜单选择"填充"选项，在弹出的填充对话框中选择"使用"选项里的前景色/背景色，单击"好"即可填充颜色了（也可按Alt+BackSpace填充前景色、Ctrl+BackSpace填充背景色），填完色后选区还在，可以按Ctrl+D消除选区，接着就可进一步配色了，如图5-76和图5-77所示。

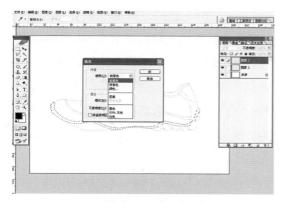

图5-76　填充颜色

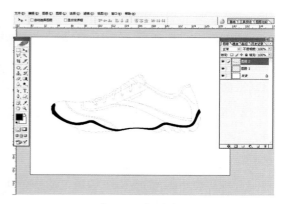

图5-77　撤销选区

④ 进一步配色的时候可能会出现这种情况：同样是用魔棒工具，但却没办法选择所要的部件，那是因为没有回到图层1就进行选择的缘故。因为鞋结构路径描边是在图层1，所以再次选择时必须回到图层1才行。还有一点就是，每次选择完之后都要将选区进行扩展才能填充颜色。其他部件的配色，只要重复操作即可完成。如图5-78所示为完成所有部件配色后的大致效果。

图5-78　配色效果

（2）鞋头部件上包边效果的制作

包边是运动鞋设计中运用比较多的一种工艺，它在篮球鞋和休闲鞋设计中较常运用，它的效果制作主要运用了图层样式中斜面与浮雕、投影、渐变叠加等选项。具体参数如图5-79和图5-80所示，包边效果制作方法各异，这里所用的选项和参数仅供参考。

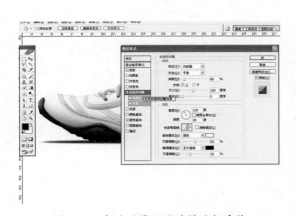

图5-79　包边效果运用的斜面与浮雕

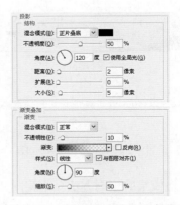

图5-80　投影和渐变叠加的参数

（3）鞋舌上布标效果的制作

布标在休闲鞋和板鞋的设计中较常用到，布标效果的制作主要应用了图层样式中的斜面与浮雕、纹理、投影、内阴影、渐变叠加等选项。具体参数如图5-81和图5-82所示。

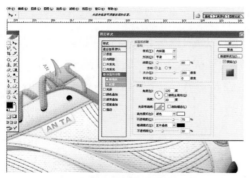

图5-81　布标效果运用的斜面与浮雕

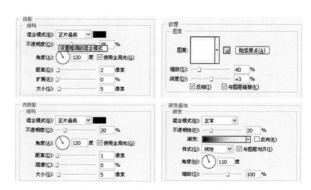

图5-82　布标效果各选项的参数

（4）帮面车假线效果的制作

车假线工艺在休闲鞋设计中最为常见，车假线效果的制作和车线的制作是一样的，主要应用了斜面与浮雕、投影等选项，但在这里车假线用的五彩线比较复杂，因此，必须一条做一个颜色，制作方法和车线的制作方法相同，如图5-83和图5-84所示。

图5-83　车假线效果应用的斜面与浮雕

图5-84　投影选项

（5）其他效果及最终效果

其他效果的绘制方法基本相同，这里就不再赘述。休闲鞋是一种潮流性较强的鞋，它适应大多数场合，所使用的材料比较随意，与篮球鞋和慢跑鞋等其他鞋类所使用的材料有所不同。因此，在绘制效果图时要注意各参数的调节，平时要多关注休闲鞋的相关信息及材料，以便应用到休闲鞋的设计上。最终效果如图5-85所示。

图5-85　休闲鞋的最终效果

5.7.2　电脑综合效果图的绘制

①打开Photoshop，然后打开一个手绘鞋样效果图文件，如图5-86所示。

②单击"图像"菜单，选择下拉菜单中的"曲线"选项（也可按Ctrl+M），然后在弹出的"曲线"对话框中调整图片的亮度，调整完单击"好"按钮即可，如图5-87和图5-88所示。

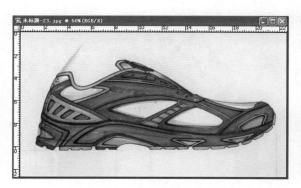

图5-86　手绘鞋样效果图

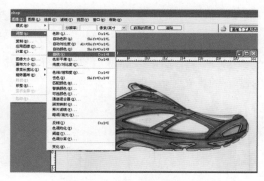

图5-87　选择"曲线"选项

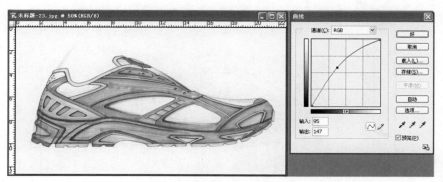

图5-88　调整图片亮度

③ 调整图片亮度后，再次单击"图像"菜单，选择下拉菜单中的"亮度/对比度"选项，并在弹出的"亮度/对比度"对话框中调整图片的亮度和对比度，调整后单击"好"按钮即可，如图5-89和图5-90所示。

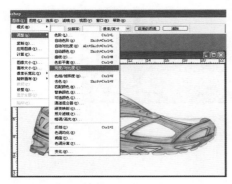 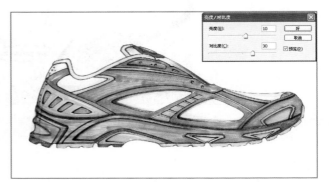

图5-89　选择"亮度/对比度"选项　　　　　图5-90　调整图片的亮度和对比度

④ 调整亮度和对比度后，开始对细节进行光感的调整，为了较好地控制边沿效果，可用魔棒工具或者多边形套索工具将鞋样部件变成选区，然后选择"加深/减淡"或"画笔"工具对鞋样部件的细节进行调整，在调整过程中可根据部件光感的要求，对"加深/减淡"或"画笔"工具进行曝光度/不透明度和流量进行大小的调节，如图5-91所示。

⑤ 如图5-92所示为调整后的大致效果，图中大部分部件都调整完了，但是白色部件的黑灰层次有所缺失，需要对其进行调整，由于白色部分用"加深/减淡"工具不好调整，在此选择"画笔"工具会比较理想，记得把不透明度和流量调到适当的数值，如图5-93所示。

⑥ 如图5-94所示为调整完的整体效果，最后就是投影和阴影的处理了，最终效果如图5-95所示。

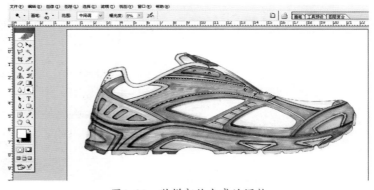

图5-91　鞋样部件光感的调整

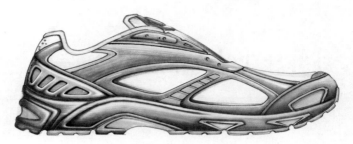

图5-92 调整完的大体效果

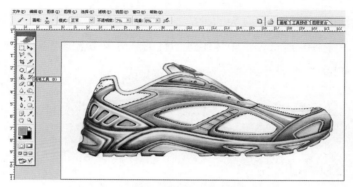

图5-93 调整白色部件的黑灰层次

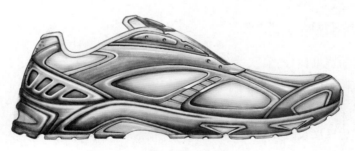

图5-94 调整完的整体效果

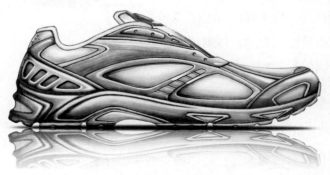

图5-95 最终效果

6 休闲运动鞋款式结构特点与表现

休闲运动鞋是运动鞋的一个较大的种类，主要特色是以一种简单、舒适的设计理念，满足人们日常生活穿着的需求。由于休闲运动鞋的细分鞋款较多，以下章节均以硫化鞋、板鞋和综合训练鞋3个种类展开讲解。

6.1 休闲运动鞋的特点

6.1.1 休闲运动鞋的特点

（1）休闲运动鞋的造型特点

休闲运动鞋的造型比较轻巧、精致，时尚性和流行性强，其前掌轻薄、圆润，这使其更加舒适合脚；为了行走更加轻松自如，休闲鞋的前后翘度设计得较高，整体造型犹如小船，日常行走更加轻松、省力；因为它沿用了跑鞋底型的弧线设计，使其具备了较强的动感和时尚性，但中帮的高度比跑鞋要低一些；为了更贴近大自然，休闲鞋的鞋底一般设计得比较薄，以获得贴地的脚感，如图6-1所示。

图6-1 休闲鞋的造型特点

（2）休闲运动鞋的线条、结构特点

休闲运动鞋的线条特点跟跑鞋比较相似，款式设计简洁、明快、时尚、流行，曲线优美，适合行走于较平坦路面环境，穿着随意，适合搭配各种服装；相对跑鞋而言，休闲鞋

的线条变化要大一些，线条分割也更灵活，如图6-2所示。休闲运动鞋的帮面结构以曲线分割为主，并常和一些时尚的图案搭配一起进行设计；其鞋底底纹设计比较灵活，整体形态具有轻薄、柔软的特点，以获得亲近大地的亲切感。另外，由于休闲鞋的装饰性较强，因此在纹理设计上就比较宽泛，各种纹样均可应用，如图6-3和图6-4所示。

图6-2　休闲鞋的线条特点

图6-3　休闲鞋的结构特点

图6-4　休闲鞋的材料特点

（3）休闲运动鞋的材料特点

① 帮面材料。休闲鞋的帮面材料主要以皮革和纺织面料为主，由于日常生活中大多数穿休闲鞋，因此除了皮革和纺织面料外，还有丝质面料、棉麻面料、金属装饰材料等。休闲鞋也和其他运动鞋一样会有各种装饰工艺材料和辅助保护、支撑部件的应用。

a. 皮革：根据不同价位的休闲鞋，其应用的皮革主要有真皮、人造麂皮、反毛皮、合成革以及各种人造革等。

• 真皮：各种经过处理的天然皮革，包括头层皮和二层皮。真皮具有良好的质感，其天然的纤维结构使其具有良好的透气性能。

• 人造麂皮：又称人造绒面革，是人造革的一种。模仿动物麂皮的织物，表面有密集的纤细而柔软的短绒毛，过去用牛皮和羊皮仿制，具有质地轻软、透气保暖、耐穿耐用的优点，如图6-5所示。

• 反毛皮：其绒面质地柔软、穿着舒适、卫生性能好，整体质感好，能提升休闲鞋的整体质感，如图6-6所示。

b. 纺织面料：休闲鞋所用的纺织面料主要有：网布、麻布、帆布、牛仔布以及各种化纤面料。

图6-5　人造麂皮　　　　　　　　　　　　　图6-6　反毛皮

- 网布：休闲鞋中所用的网布不是很多，而且都采用中细网眼的网布，如图6-7所示。
- 麻布：麻布是指以亚麻、苎麻、黄麻、剑麻、蕉麻等麻类植物纤维制成的布料。它具有柔软舒适、透气清爽、耐洗、耐晒、防腐、抑菌等优点。
- 帆布：是一种较粗厚的棉织物或麻织物，因最初用于船帆而得名。一般多采用平纹组织，少量的用斜纹组织，经纬纱均用多股线。帆布通常分粗帆布和细帆布两大类，鞋用帆布一般选用细帆布。
- 牛仔布：也称为裂帛，是一种较粗厚的色织经面斜纹棉布，经纱颜色深，一般为靛蓝色；纬纱颜色浅，一般为浅灰或煮练后的本白纱，又称靛蓝劳动布。一般用于男女式牛仔裤，但是随着布鞋的流行，近年来也广泛应用于休闲运动鞋中，如图6-8所示。

图6-7　网布在休闲鞋中的应用　　　　　　图6-8　牛仔布在休闲鞋中的应用

② 鞋底材料。休闲鞋的大底一般以高耐磨橡胶制成，这样能提供良好的吸震保护，并满足结实耐磨的需要，外底花纹呈较平滑的颗粒状、块状或阶梯状，底型设计富于变化，增强美感。休闲鞋从侧面看比较轻薄，结构上也比较简单；基本上是两片式结构，也有部分休闲鞋直接以含有橡胶成分的PU或MD做大底。另外，由于休闲鞋的装饰性较强，因此在样式上就比较随意，各种纹样均可应用，如图6-9和图6-10所示。

图6-9　休闲鞋鞋底

图6-10　一片式PU鞋底

6.1.2　休闲运动鞋的分类

休闲运动鞋大致可以分为3类：日常休闲运动鞋、休闲运动鞋、商务休闲运动鞋。

（1）日常休闲运动鞋

日常休闲运动鞋所占比重较大，因为这类休闲鞋适应场合较为宽泛，款式也比较多，既有类似正装鞋严谨和庄重的款式，又有类似休闲鞋舒适、宽松与活泼的款式，因此，在大部分场合均可以穿着，如有氧运动鞋、硫化鞋等，如图6-11和图6-12所示。

图6-11　有氧运动鞋

图6-12　硫化鞋

（2）休闲运动鞋

休闲运动鞋主要适用于一些户外运动、休闲健身时穿着，这类休闲运动鞋款式活泼大方，色彩轻松明快，是日常运动休闲时最好的选择，如休闲跑鞋、综合训练鞋、板鞋等，如图6-13和图6-14所示。

图6-13　休闲跑鞋

图6-14　板鞋

（3）商务休闲运动鞋

商务休闲运动鞋则更注重其时尚性、品味调性的特点，要求款式典雅、工艺考究，能充分体现穿着者的社会地位和生活品位，如赛车鞋、时尚鞋等，如图6-15和图6-16所示。

图6-15　赛车鞋

图6-16　时尚鞋

6.1.3　常见休闲运动鞋的特点

（1）硫化鞋的特点

硫化鞋是指用鞋底和鞋面以加硫方式衔接（硫化制法）制成的休闲运动鞋（为了加强弹性、硬度，将橡胶以硫黄处理），硫化鞋在鞋底的橡胶上加以硫黄处理，增加鞋橡胶的弹性和硬度，就是经过硫化处理，不一定只是帆布鞋，硫化处理最早是PUMA在1960年发明的。

①硫化鞋的特征。硫化鞋是以橡胶、织物或皮革为帮面，橡胶为底料，用粘贴、模压或注胶等方式加工成型，再在一定温度和压力下进行硫化，赋予鞋帮、鞋底高强度的支

撑性和鞋底高弹性，使二者牢固地结合在一起，故称硫化鞋。

② 硫化鞋的造型特点。硫化鞋的整体外形可分为高帮硫化鞋、低帮硫化鞋，还有开口笑等类型，鞋底一般较平，如图6-17和图6-18所示。

图6-17　高帮硫化鞋　　　　　　　　　　　　图6-18　低帮硫化鞋

③ 硫化鞋的鞋底特点。硫化鞋鞋底较薄，弯曲容易，便于行走。鞋底花纹比较细致，且密集细碎，同时具有一定的支撑性与防滑性，能提高行走中对于自然弯曲的舒适性的要求。一般采用橡胶一体成型，前掌部分和后跟部分都有设置凸出的若干防滑块，防滑凸块与地面接触的表面有排水槽，能够起到更好的防滑效果，如图6-19和图6-20所示。

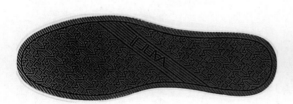

图6-19　硫化鞋鞋底（1）　　　　　　　　　　图6-20　硫化鞋鞋底（2）

④ 硫化鞋的材料特点。

a. 帮面：硫化鞋帮面材料主要有牛皮革、帆布、PU（人造革）、超纤合成革、牛仔布，帮面选用帆布类材料主要是对鞋轻质化和透气性的考虑，而选用其他皮质材料则主要是为了体现硫化鞋鞋种的丰富性和多样性。

b. 鞋底：鞋底一般采用一次性原生胶，经硫化工艺处理后，鞋底坚固而有弹性，具备良好的耐磨性和防滑性能。

（2）板鞋的特点

板鞋往往要求鞋舌厚而稳定，底部平坦，以利于踩板。只不过板鞋很多选用复古鞋的款式进行重新设计制作，所以总给人感觉只要是复古鞋都能叫板鞋。板鞋来自玩滑板的人穿的鞋，故也称为滑板鞋。板鞋跟一般鞋子比较，不同的地方就是它几乎都是平底的，便于让脚能完全地平贴在滑板上，而且有一定防震功能。它的侧面一般有设计补强件，一般选用扁型鞋带，专业板鞋还有防磨断的鞋眼孔设计。

① 板鞋的特征。板鞋的特点比较多，近几年有很多新的制鞋技术被引入板鞋的设计中，总的来说就是为了滑手在玩滑板时更舒服而不断改进设计。板鞋的主要特点是鞋底有减震功能，但不一定有气垫；鞋带有保护设计，以防止磨断，如图6-21所示。鞋头比较容易磨损，需要用较耐磨的材料；鞋舌一般比较厚，起到保护脚腕的作用，如图6-22所示；鞋垫一般有减震功能的设计。以上这些特点都是为了更好的运动效果和更舒服的脚感。

图6-21　防磨断鞋眼孔设计

图6-22　厚鞋舌设计

板鞋的好坏，对滑手来说也是非常重要的。一般情况下，选择板鞋有以下两点需要注意的地方：一是对于技巧细腻的滑手，一般会选用较薄的板鞋。这类板鞋鞋底比较薄，但通常都有比较厚或带气垫的鞋垫，鞋面所用的皮质比较软，做动作时能清楚地感受到板面上的砂贴着脚面而过，如图6-23所示。二是动作比较大的滑手，一般会选择比较厚实的板鞋。比如鞋底带气垫或油垫，鞋舌比较厚实，这类滑板鞋有较强的减震功能，对脚的包裹性较强，以便适应更激烈的运动，如图6-24所示。

② 板鞋的造型特点。板鞋跟一般运动鞋比较，不同的地方就是：它几乎都是平底的，前后跟的翘度都很低，便于让脚完全地平贴在滑板上，且具有一定的减震功能。从外观上来说，板鞋高、中、低帮款式皆有，鞋身侧面都有加强设计，如图6-25所示。

③ 板鞋的鞋底特点。板鞋鞋底前后掌大小差异不大，一般后掌比前掌略小，大底底花一般采用平纹设计，纹理一般比较细腻，主要纹理有波浪纹、人字纹、Z字型和L型纹、横纹沟槽等，这些纹理都有较强的抓地防滑效果，如图6-26所示。

图6-23 薄款板鞋

图6-24 厚款板鞋

图6-25 板鞋的造型特点

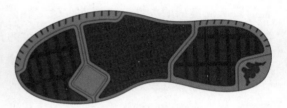

图6-26 板鞋的鞋底特点

④板鞋的材料特点。

a.帮面材料：滑板运动较为剧烈，因此鞋面多以高强度的仿毛皮、PU革、超纤合成革等材料制成，皮质比较软。

b.鞋底材料：板鞋鞋底要求坚固耐用，具有较强的抓地性和耐磨性，所以一般采用"全橡胶""全包墙"设计（即所有可能接触到地面的部分均采用橡胶，具备良好的抓地效果，且在边角位置有不同的加厚，使其更加耐磨），为穿着者在运动中提供稳定性。

（3）综合训练鞋的特点

综合训练鞋是指专业运动员在训练反应、练习基础动作时穿的鞋，适合多种运动，又称为"全能鞋"。对于非专业运动员来说可以穿着它做3种以上的非专业运动，包括网球、羽毛球、乒乓球，也可以在日常休闲时穿着，如图6-27所示。

①综合训练运动特征。综合训练运动不如专项训练，因此对鞋子也不如专项训练要求严。综合训练是对人体各部分肌肉及身体平衡协调能力、体能素质的综合性锻炼，而对非运动员来说可以穿着它做多种以上的非专业运动，也可以在日常休闲时穿着。

②综合训练鞋的造型特点。综合训练鞋帮面结构比较复杂，部件较多，运用材料工艺性强，以增强其帮面的包裹性与稳定性。部分综合训练鞋帮面会有魔术贴结构，在保证包裹性的同时也方便穿脱，使得帮面具有稳重感，如图6-28所示。

图6-27　综合训练鞋

图6-28　综合训练鞋的造型特点

③综合训练鞋的外底设计。综合训练鞋需具有优良的耐久性、支撑性、稳定性、曲挠性和良好的减震性，所以在鞋底花纹的设计上有着较复杂的槽线纹理。部分鞋款的鞋底前掌内怀处有吸盘结构设计，后跟外底中间一般会有内凹的结构设计，在一定程度上可缓解人在起跳落地后的冲击力，具有良好的防滑稳定效果及抓地力，满足运动员急跳、侧跑、转向等一系列高难度动作要求，如图6-29所示。

图6-29　综合训练鞋的外底设计

④综合训练鞋的材料应用。

a. 帮面材料：外观与跑鞋有相似之处，但又有别于跑鞋。前脚掌和后跟都非常宽大，具有很强的适应性，满足各种训练需求，鞋面通常为合成革和轻质网材制成。但是随着制鞋科技的进步，现在很多鞋款使用飞织面料，如图6-30所示。

b. 鞋底材料：中底常用铸模EVA或MD制成，大小类似于篮球鞋，外底多采用橡胶

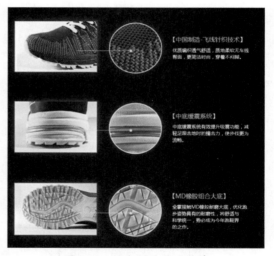

图6-30　综合训练鞋的材料

材质，通常为高碳素耐磨橡胶。随着制鞋科技的进步，越来越多的高品质综合训练鞋采用成本更高、性能更好的E-TPU、TPE和PEBA等高弹性中底材料，而价格自然也是水涨船高。

6.2 休闲运动鞋的款式结构特点

6.2.1 硫化鞋的款式结构特点

硫化鞋的款式结构特点可从整体造型特点、帮面款式结构特点、鞋底款式结构特点三个方面来归纳和总结。

（1）硫化鞋整体造型特点

从硫化鞋的整体造型上看，其前帮的结构形式基本一致，但在后帮的结构形式上则有较大差异。其后帮的结构形式一般可分为高帮、中帮、低帮3种。其中，高帮硫化鞋一般为平峰设计，通常为冬季时穿着，穿着时可像衣服的衣领一样向下翻折，再配合潮流图案的应用，使高帮硫化鞋极具时尚性，如图6-31所示。中帮硫化鞋为平峰设计，一般为秋冬季穿着，如图6-32所示。低帮硫化鞋一般为单峰、平峰和无峰3种形式，如图6-33所示。

图6-31　高帮硫化鞋　　　　　　　　　　图6-32　中帮硫化鞋

（a）单峰　　　　　　　　（b）平峰　　　　　　　（c）无峰

图6-33　低帮硫化鞋

（2）硫化鞋帮面款式结构特点

硫化鞋的帮面款式结构相对其他运动鞋来说要简单一些，是大块面的结构形式，通常由2～5个部件构成。硫化鞋的帮面款式结构一般以外耳式、内耳式和整舌式等形态居多。外耳式硫化鞋又可分为独立眼片和非独立眼片、开口笑等款式特点，如图6-34所示。内耳式硫化鞋的款式结构一般比较固定，变化较小，如图6-35所示。整舌式硫化鞋的款式结构变化也较小，可分为常规整舌式硫化鞋和贝壳头整舌式硫化鞋等，如图6-36所示。

（a）独立眼片　　　　　　　　（b）非独立眼片　　　　　　　　（c）开口笑

图6-34　外耳式硫化鞋

图6-35　内耳式硫化鞋　　　　　　　　图6-36　整舌式硫化鞋

随着人们生活水平的提高，对休闲运动鞋的舒适性、款式和工艺的时尚性和面料和穿着方式的多样性均提出了更高的要求。针对人们提出的要求，市场也推出了相应的鞋款，如图6-37所示为针对高帮硫化鞋穿着不变的缺点做了优化，采用拉链和魔术扣增加开口

图6-37　拉链和魔术扣硫化鞋

图6-38　分指式和多围条式硫化鞋

大小的方式来提高高帮硫化鞋穿着的便利性。如图6-38所示为根据市场的时尚性开发的分指式和多围条式硫化鞋。

（3）硫化鞋鞋底款式结构特点

从硫化鞋的造型来看，其鞋底侧墙款式比较简单，且款式相对固定，视觉效果上感觉其鞋底较厚，但其厚度一般只有侧墙厚度的（1/3）~（1/2）。硫化鞋的大底款式结构也相对简单，一般为单一纹理或两种纹理结构均匀排列，如图6-39所示。

图6-39　硫化鞋鞋底款式结构

6.2.2　板鞋的款式结构特点

板鞋的款式结构特点与硫化鞋有很多相似之处，也可从整体造型特点、帮面款式结构特点、鞋底款式结构特点三个方面来归纳和总结。

（1）板鞋整体造型特点

从板鞋的整体造型来看，其帮面的结构形式可分为高帮、中帮、低帮3种形式，其中高帮板鞋的后帮一般为平峰设计，适合冬季时穿着，如图6-40所示。中帮板鞋的后帮一般为双峰、单峰和平峰3种设计形式，适合在秋、冬季时穿着，如图6-41所示。低帮板鞋的后帮一般为双峰和单峰2种设计形式，如图6-42所示。

图6-40　高帮板鞋

| （a）双峰 | （b）单峰 | （c）平峰 |

图6-41　中帮板鞋

（a）单峰　　　　　　　　　（b）双峰

图6-42　低帮板鞋图

（2）板鞋帮面款式结构特点

板鞋的帮面款式结构相对其他运动鞋来说要简单一些，也是大块面的结构形式，但相对硫化鞋来讲则要复杂一些。帮面部件通常会由5个以上的部件构成，板鞋的帮面款式结构一般以常规眼片式、外耳式和贝壳头等形态居多。眼片式板鞋一般具备独立式的眼片结构。外耳式板鞋的款式结构一般比较固定，变化较小。贝壳头板鞋的款式结构变化也较小，一般为外耳式结构，如图6-43所示。

（b）外耳式 （b）贝壳头

图6-43 板鞋款式结构特点

（3）板鞋鞋底款式结构特点

从板鞋的造型来看，其鞋底侧墙款式和硫化鞋相似度很高，款式比较简单，且款式相对固定，视觉效果上感觉其鞋底较厚，但与硫化鞋相比较其厚度会厚一点，一般为侧墙厚度的1/2左右。板鞋的大底款式结构也相对简单，一般也是由单一纹理或两种纹理结构均匀排列，滑板运动对板鞋的抓地性和吸附性要求较高，因此，专业板鞋的鞋底通常会设计有吸盘式的结构，如图6-44所示。

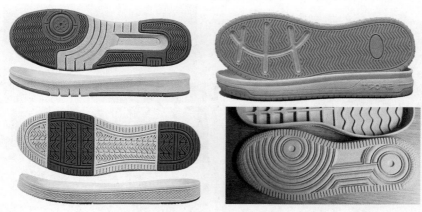

图6-44 板鞋鞋底款式结构特点

6.2.3 综合训练鞋的款式结构特点

综合训练鞋的款式结构特点与硫化鞋和板鞋有较大的不同，但也可以从整体造型特点、帮面款式结构特点、鞋底款式结构特点三个方面来归纳和总结。

（1）综合训练鞋整体造型特点

从综合训练鞋的整体造型来看，其帮面的结构一般为低帮形式，整体造型和跑鞋较为相似。但综合训练鞋因为要适应多种运动项目，帮面结构设计上会更加注重支撑性和鞋身的稳定性，其后帮一般为单峰或双峰设计，如图6-45所示。

117

（a）双峰 　　　　　　　　　　　　　　　（b）单峰

图6-45　综合训练鞋的造型特点

（2）综合训练鞋帮面款式结构特点

综合训练鞋的帮面款式结构相对硫化鞋和板鞋来说要复杂一些，其块面结构的分割形式更细也更复杂，整体和跑鞋的帮面款式结构较为相似。帮面部件通常会由多个部件构成，综合训练鞋的帮面款式结构一般以常规眼片式、飞织整帮式等形态居多。眼片式综合训练鞋一般具备独立式的眼片结构。飞织整帮式综合训练鞋的眼片结构一般与帮面融合在一起，如图6-46所示。

图6-46　综合训练鞋帮面结构特点

（3）综合训练鞋鞋底款式结构特点

从综合训练鞋的造型来看，其鞋底侧墙款式和跑鞋相似度很高，款式相对板鞋、硫化鞋要复杂一些，且款式相对多变，其侧墙视觉效果上感觉较厚。因运动特性需求，综合训练鞋对减震、抓地和稳定性有一定需求，所以与硫化鞋和板鞋相比较其实际厚度会厚一些，一般为侧墙厚度的2/3左右。综合训练鞋的大底款式结构也相对复杂，一般也是由单一纹理或两种纹理结构均匀排列，如图6-47所示。

图6-47　综合训练鞋鞋底结构特点

6.3　休闲运动鞋的款式结构与表现

休闲运动鞋的种类众多，其款式结构繁多无法一一赘述，此处以板鞋为例进行款式结构与表现的讲解。

6.3.1　板鞋常见的款式结构

（1）眼片式

眼片式结构板鞋是板鞋中比较常见的版型之一，这种版型中又可分为独立眼片式结构和非独立眼片式结构，如图6-48和图6-49所示。通常情况下，独立眼片式结构板鞋的帮面结构会相对简单一些，版型相对固定；而非独立眼片式结构板鞋的帮面结构则相对复杂一些，这主要体现在其中帮位置的结构，因为没有独立眼片结构，所以中帮通常会由2～3片结构组成来替代眼片结构。因此，其帮面结构会相对复杂一些，版型变化也相对会大一些。

图6-48　独立眼片式板鞋

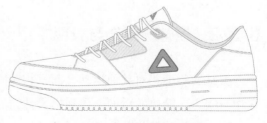

图6-49　非独立眼片式板鞋

（2）外耳式

外耳式结构板鞋也是比较常见的版型，可分为独立眼片式结构和非独立眼片式结构，如图6-50和图6-51所示。独立眼片结构的外耳式板鞋帮面结构一般由5~6片部件构成；而非独立眼片结构的外耳式板鞋的眼片一般与中帮部件融为一体，其帮面结构一般由3~4片部件构成。

图6-50　独立眼片式板鞋　　　　　　　　　　图6-51　非独立眼片式板鞋

（3）贝壳头式

贝壳头板鞋因其酷似贝壳形态的鞋头而闻名，如图6-52所示。该鞋款由国际体育品牌阿迪达斯于1969年推向市场。因其设计迎合了当时的流行趋势和街头文化的核心，一经推出便受到市场的热捧，热销50多年，至今仍然活跃在国际鞋类市场中，其贝壳型的鞋头设计已成为国际潮流款式，附赠的可拆换条纹可以很简单地改变鞋款的色彩，以配合人们的心情和穿着，如图6-53所示。

图6-52　贝壳头板鞋结构图　　　　　　　　　图6-53　阿迪达斯经典贝壳头板鞋

6.3.2　板鞋的设计与表现

板鞋的版型相对其他运动鞋而言相对固定、变化小，这也增加了其设计的难度，需要在相对固定、简单的帮面上体现出设计内涵，并赋有设计感和形式美。因此，在板鞋的设计上要有所创新是相对较难的，近年来出现的立体化设计风格就是板鞋创新设计的一种大胆的尝试，这种尝试取得了不错的市场反馈。但所有的设计都离不开设计表达，板鞋的设计表达步骤如下：

① 设定AB为楦底长，作长方形ABCD，并使AD=1/2AB，如图6-54所示。

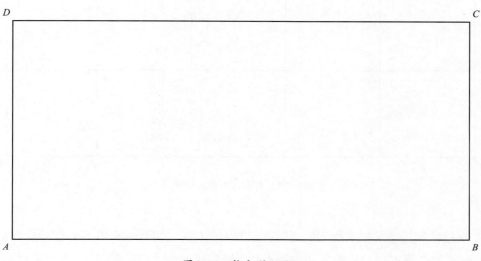

图6-54 长方形ABCD

② 将AB和CD五等分，分别得到E、F、G、H和L、K、J、I八个点，如图6-55所示。

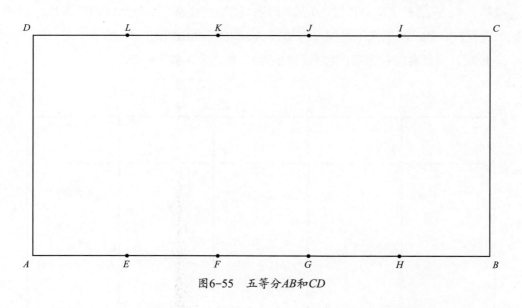

图6-55 五等分AB和CD

③ 分别作AM=MO=AE和BN=NP=BH，连接EL、FK、GJ、HI、OP、MN，得到E_1、F_1、G_1、H_1和L_1、K_1、J_1、I_1八个点，如图6-56所示。

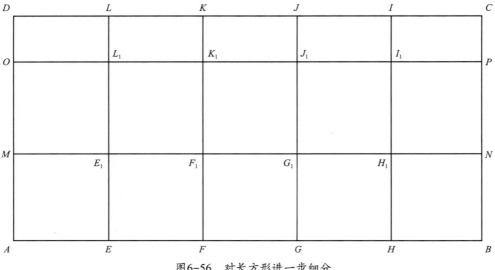

图6-56 对长方形进一步细分

④ 根据休闲运动鞋鞋底侧面的比例确定其大概位置，并绘制出鞋底侧面的轮廓；然后确定前鞋底的位置点M_1，后鞋底的位置点X_1，鞋头厚度的大概位置E_1点，作$E_1E_2 \approx 1/6E_1F_1$，为口门位置点，作$J_1J_2 \approx 1/4J_1G_1$，得到J_2为脚山位置点；J_1约为鞋舌的终点，再根据领口的弧线确定其关键点的大概位置为H_2、P_2、N_2点；弧线连接M_1、E_1、J_1为板鞋的背中线；弧线连接E_2、J_2、H_2、P_2、N_2为板鞋的帮面弧线；弧线连接N_2、X_1为跑鞋的后弧线。至此，板鞋的造型轮廓就绘制出来了，领口增加2~3mm的厚度，如图6-57所示。

⑤ 最后，为板鞋绘制出帮面和鞋底的结构。最终效果如图6-58所示。

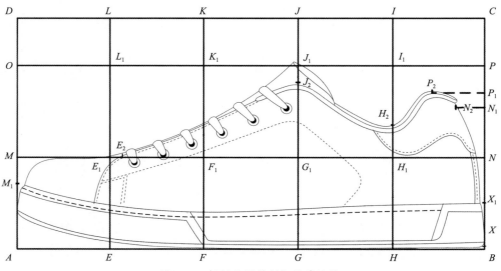

图6-57 根据比例绘制板鞋手绘稿

图6-58　板鞋最终效果

6.3.3　板鞋设计案例

◆ **设计主题：80后记忆**（该案例设计者：07级鞋类设计专业——温晓梅）

　　该系列设计将重现"80后"儿时游戏的趣事，将此系列设计献给"80后"，希望能够让"80后"在工作之余想起儿时美好的生活。

　　该系列设计主要根据"80后"童年的游戏：方宝、跳房子、东南西北来设计，并把其他玩具与游戏绘画在一起，印刷在板鞋部件上，以独特的表现方式重现"80后"当年的天真和富有乐趣的童年，通过复古的色彩去寻找那些过去的美好，体现这个特别的年代特别的回忆！

　　① 设计灵感。"80后"童年时代的各种游戏。

　　② 元素提取。收集了"80后"童年时代的各种游戏玩具，手绘成线稿，如图6-59所

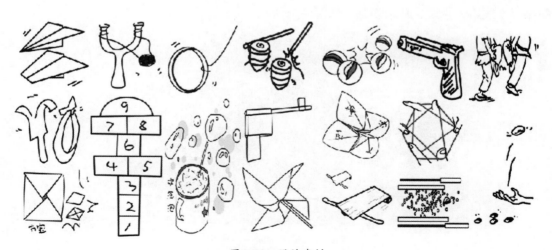

图6-59　设计素材

示。主要有：纸飞机、弹弓、铁环、陀螺、弹珠、水枪、斗牛、方宝、跳房子、吹泡泡、纸枪、纸风筝、东南西北、打石子、玩花绳等。

③颜色提取。配色主要是提取雷锋这一形象的颜色进行调取，小时候老师经常说学习雷锋好榜样，这种复古的配色便能让人想起小时候的偶像雷锋，怀念孩时那般崇拜雷锋的心情，如图6-60所示。

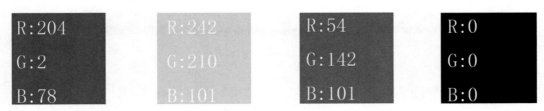

图6-60　色彩方案

◆ **设计方案**

（1）方宝

小时候几乎每个男孩子的口袋或书包里都有一些"方宝"。摔方宝这个游戏当年时常会在课间休息和中午的课桌上、地上演绎得人仰马翻，狼烟四起。现在的孩子们还在玩类似的游戏，只不过方宝现在已经没人用了，取而代之的是印刷精美的卡片。

该设计把方宝的外形运用于板鞋的帮面分割，交叉式的块面，独特新颖。同时把绘画好的元素，通过立体印刷的工艺运用在帮面上作为装饰图案，这效果能直接勾起童年时代的回忆，帮面加上假车线、电雕的工艺，提高整双板鞋的档次，鞋前头处用手工缝线加以装饰，显得更有内容，整双鞋看着简洁大方，加上一些曾经伴随着长大的游戏图案，这样的保留方式给人带来一种亲切感，如图6-61所示。

图6-61　设计方案——方宝

（2）跳房子

跳房子是过去女孩子们经常玩的一种游戏，小时候只要在家门口的空地，或是没车的路旁，找颗小石头，就能画个房子，玩上半天了。单脚跳、双脚跳，孩子们的头发随之飞舞，心情更是飞扬着喜悦快乐。

跳房子是一种世界性的儿童游戏。将跳房子这个游戏比较抽象地用在板鞋帮面上，只要是玩过跳房子的朋友们，看到这款板鞋，一定会想起自己的童年，想起自己当年的天真可爱。在结构设计上一样是简单而又独特的帮面分割，让人眼前一亮。帮面上运用立体印刷的图案进行装饰，鞋后跟的车线也新增了一个看点，帮面上的车假线、电雕和手工缝线同样提高了鞋的档次，让鞋看起来更有质感，如图6-62所示。

图6-62　设计方案——跳房子

（3）东南西北

东南西北是童年时一个简单的折纸玩具。一张正方形的薄纸，只需简单的几步便能折出一个东南西北。折好后，写上字，就可以开始玩。

此款的亮点在鞋后跟的位置，将东南西北这个游戏直接用在鞋的后跟上，用涂鸦的风格将东、南、西、北四个字印在方宝的结构块面上，方宝的结构块面采用拼缝的方式，配以车假线进行过渡，虽然是具象的表现手法，但却让人一目了然地回想儿时的快乐时光。其帮面上的印刷图案、电雕、手工缝线等工艺提高了鞋的档次，使鞋的款式结构清晰，简约大气，如图6-63所示。

在其他细节设计上，主要是在鞋舌上的布标与鞋垫的图案同样采用方宝、跳房子和东南西北进行设计。鞋后跟都设计了手工缝制的"80"时代标签进行装饰，也契合了设计主题——"80后"记忆，所以在鞋后跟增加了这一工艺，能让鞋子更直接地诠释"80后"这一代人天真、乐趣的童年岁月，一系列复古的配色、简单的帮面分割、精美的细节点缀足够让人心动，如图6-64和图6-65所示。

图6-63 设计方案——东南西北

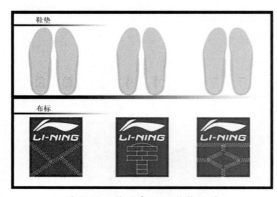

图6-64 鞋舌布标和鞋垫设计

图6-65 系列效果展示

6.3.4 运动休闲鞋综合表现技法

此案例以古代王族祭祀常用的苍璧和黄琮两件法器为设计元素，将其与运动休闲鞋的结构、装饰和工艺相结合，赋予运动休闲鞋以古文化气息，也更具设计内涵和与众不同，同时也使传统文化元素在现代工业品中得到传承，如图6-66所示。此案例的效果图表现使用了时下比较流行的板绘表达方式，具体表达过程请扫描二维码观看。

图6-66 运动休闲鞋综合表现技法

7 跑鞋款式结构特点与表现

　　跑鞋是运动鞋中的一个比较重要的类别，它包含速跑鞋、慢跑鞋、长跑鞋和户外跑鞋等鞋种。其中，速跑鞋的造型结构比较特殊，因其运动特点，速跑鞋的前掌一般会有鞋钉。而慢跑鞋和长跑鞋在造型、款式和结构上则没有太大的区别，但是在功能设计和材料的选择上则有所不同。户外跑鞋的款式和结构与慢跑鞋和长跑鞋相似，但在配色和鞋底的功能与结构上则有所不同。

7.1 跑鞋的特点

7.1.1 跑鞋的特点

（1）跑鞋的造型特点

　　由于人体运动时脚趾部位会有频繁的屈挠幅度，所以跑鞋的鞋头和后跟的翘度都比较大，前翘一般为20°～25°，后翘一般为10°～15°，整体造型像一艘小船。因为其前后翘较大，为了保障跑步时有足够的抓地力，所以跑鞋的鞋头和鞋跟都有鞋底上翻的橡胶大底。由于人脚的前掌比后掌大，加上运动时脚趾也需要一定空间可以伸展，所以跑鞋的前掌要比后掌宽大，如图7-1和图7-2所示。

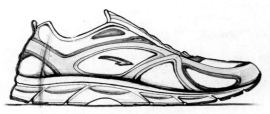

图7-1　跑鞋的造型

图7-2　跑鞋的鞋底

（2）跑鞋的线条特点

跑鞋线条的最大特点是流线、轻盈、动感，因为流线、轻盈、动感的线条在视觉上可获得极强的速度感，而这也是跑鞋设计时所要追求的。为获得动感、轻快的线条结构，跑鞋经常使用较长的曲线、回型线条等，因此在绘制的过程中要注意运笔的流畅性，更需注意线条之间衔接的流畅性，如图7-3和图7-4所示。

图7-3　跑鞋的线条（1）

图7-4　跑鞋的线条（2）

（3）跑鞋的结构特点

常规跑鞋的结构相对其他运动鞋复杂一些，其部件相对也较多；而飞织等一体式帮面跑鞋虽然少了皮革部件，但是却用超薄热切材料进行替代，依然有较为流畅的线条结构。为了使跑鞋更具动感和流畅感，部件之间常采用重复、呼应、韵律、发射和流线等设计方法，如图7-5所示。

图7-5　跑鞋的结构

（4）跑鞋的材料特点

① 帮面材料。跑鞋的帮面材料主要以皮革和纺织面料为主，跑鞋帮面上的皮革主要起到保护和支撑的作用，由于跑步运动时间较长，运动量较大，这就要求跑鞋要轻便、透气。因此，纺织材料就成为跑鞋的首选，其中以网布应用最为普遍。此外，跑鞋的帮面上还有各种装饰工艺材料和TPU支撑部件的应用。

a.皮革：出于对成本的控制，跑鞋帮面上所用的皮革一般为比较廉价的人造革、合成革材料等，其中以PU太空革居多，而在鞋头等与地面、周围物体接触较多的部位，一般选择韧性、耐磨性较好的皮革，以超纤革与合成革为主。

• PU太空革：是聚氨酯经过特殊处理，可使皮革具有保暖性能或隔热性能，可使皮革本身的透气、透湿性能增强，而一般的合成革透气、透湿性比较差，如图7-6所示。

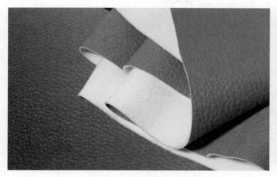

图7-6　PU太空革

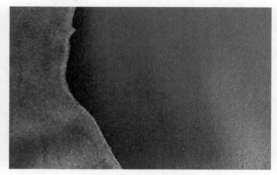

图7-7　超纤合成革

•超纤合成革：超纤合成革全称是"超细纤维增强PU皮革"。它具有极其优异的耐磨性能，优异的耐寒、透气、耐老化性能。如图7-7所示。

b.纺织材料：根据跑步运动的特点要求，跑鞋设计的第一是轻便、透气，所以在材料的选择上，通常是大面积使用纺织材料。跑鞋常用的纺织材料主要有网布、天鹅绒、海绵、特布和丽新布等，如图7-8和图7-9所示。

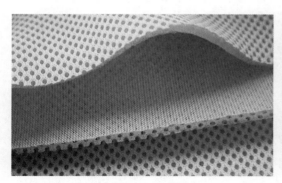

图7-8　网布

图7-9　天鹅绒

c.补强材料：跑鞋除了皮革和纺织材料外，还有一些藏在表面与内里之间的部件，这部分材料称为补强材料，它是为了加强一些部件的强度或保护脚体增加的。如包头是为了保护脚趾而增加的；主跟是为了增强后跟强度而增加的，如图7-10所示；鞋眼片补强材料是为了增加其强度以达到绑鞋带的拉力。

图7-10　主跟

②鞋底材料。跑鞋的鞋底一般是由橡胶、EVA、MD、TPU等材料制成的，部件由中底和外底组成，如图7-11所示。最底下薄薄的一层或紫或黑的材料就是外底，一般选用橡胶材料；外底上面一层较厚的白色材料就是中底，一般选用EVA、MD或PU等材料。

图7-11　跑鞋的鞋底

a.中底材料：中底可谓是跑鞋的心脏，一双跑鞋的性能如何，中底至少决定了90%，跑鞋中底的主要材质是EVA，根据生产情况大致分3种。近年来，随着制鞋科技的发展又研发出了E-TPU（新型发泡TPU）和PEBA（尼龙12）等先进的中底材料。

• 射出EVA：质地柔软，表面比较光滑，具有一定弹性，但耐久性不强，整体质量一般，成本较低，一般用在中低端跑鞋上。这种中底适合散步，或偶尔跑步或者体重较轻的人穿着，否则穿久了中底容易萎缩变形，从而影响脚体健康。

• 模铸二次成型EVA：习惯叫飞龙或怀龙，质地较硬，抗形变能力较好，耐久性强。高端跑鞋和篮球鞋一般选用这种中底材料，飞龙中底表面有很细小的文理，比较容易识别，如图7-12所示。

• 板压EVA：它是EVA里最差的中底材料，类似包装用的泡沫，其表面看有很多气孔。

• E-TPU：它是聚氨酯热塑性发泡颗粒，是德国巴斯夫全球首创工艺，经过加压加热预处理后，每颗E-TPU粒子像爆米花一样膨胀起来。在这个过程中，原来0.5mm左右的颗粒，体积将增大10倍，于是就形成内含微型密闭气泡的椭圆形非交联发泡颗粒E-TPU，形似"爆米花"，这就是"爆米花"称谓的由来，也因此工艺使得E-TPU中底的能量回馈率可达到70%，如图7-13所示。

• PEBA：它是聚醚嵌段酰胺（Polyeher block amide）的缩写，PEBA材料具备热塑性

图7-12　飞龙中底

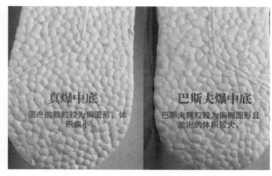

图7-13　E-TPU"爆米花"中底

弹性体里最折中的性能，是最轻的工程热塑性弹性体，低温下良好和稳定一致的性能，且反复形变下没有力学性能的损失，具备优异的抗疲劳性能，良好的回弹和弹性恢复能力使其能量回馈率高达85%，如图7-14所示。

b.外底材料：跑鞋外底的材质通常有3种，分别是发泡橡胶、碳素橡胶和硬质橡胶，三者也可以搭配应用。例如：在外底的内侧用抓地较好的碳素橡胶，外侧搭耐磨的硬质橡胶，加强其稳定性。或是运用性能居中的发泡橡胶，又或是3种都用均可以，具体要看不同跑鞋的定位，如图7-15所示。

图7-14　PEBA尼龙12发泡中底

图7-15　碳素橡胶外底

7.1.2　跑鞋的分类

跑鞋是运动鞋中的一个大类，包含速跑鞋、慢跑鞋、长跑鞋和户外跑鞋等。

（1）速跑鞋

速跑鞋适合短跑运动员和中短跑运动员穿着，如100、200、400m等运动项目的运动员。速跑鞋一般比较轻，有短鞋钉，鞋型较纤细，合脚性较高。一般为专业运动员穿着使用，因此适用范围较窄，款式较少，版型结构变化不大，整体呈运动风格，如图7-16所示。

图7-16　速跑鞋

（2）慢跑鞋

慢跑鞋适合普通跑步爱好者穿着，也就是普通大众的慢跑健身人群。这类跑鞋适应场合较为宽泛，款式也比较多，版型结构变化较大，结构设计上一般以流线型为主，常使用呼应等设计方法，且具有较强的时尚性，和日常诸多休闲装可搭配，因此穿着的人群较广，已成为人们日常休闲穿着的重要鞋品，如图7-17所示。

图7-17　慢跑鞋

（3）长跑鞋

长跑鞋适合长跑运动员，如5000、10000m和马拉松等运动项目的运动员。随着全民健身的推广，马拉松等长跑项目得到了广泛的认可，越来越多的人参与其中，这使得长跑鞋越来越受欢迎。长跑鞋的版型、结构等和慢跑鞋没有太大的区别，但是在功能上有较大的变化，它在慢跑鞋的基础上加强了鞋底的弹性和支撑性，以适应更高强度的运动，如图7-18所示。

图7-18　长跑鞋

（4）户外跑鞋

户外跑鞋顾名思义就是在户外非铺装路面跑步时穿的跑鞋，也有的称为越野跑鞋，是为应对野外崎岖不平或易滑的路径条件所设计的鞋款，如图7-19所示。户外跑鞋和传统慢跑鞋较为相似，较为重视避震性及稳定性，特别是鞋底通常有许多明显的凹槽设计，以增加抓地力，应对多变的地形。同时，因在野外或非铺装路面跑

图7-19　户外跑鞋

步常会遇到下雨或涉水的情况，因此，许多户外鞋款会使用防水、排汗的布料，以使足部不浸湿等。

7.1.3　常见跑鞋的特点

（1）速跑鞋

①速跑运动的特征。速跑又称短跑、竞速跑，运动过程中速度快，冲击力大，爆发力强。运动的全程一般只有前脚掌着地，因此前脚掌承受的压力很大，根据生物力学的需

要，速跑运动对鞋的性能要求较高，一般对运动鞋的抓地性、减震性、稳定性和轻量化上有较高的要求，如图7-20所示。

②速跑鞋的造型特点。根据竞速跑的运动特征，一般速跑鞋的前翘相对其他运动鞋要高一些，整体造型上看，前掌不如后掌宽大。速跑鞋帮面多采用网革相间设计，以保证速跑鞋良好的包裹性、透气性与舒适性，如图7-21所示。

③速跑鞋的外底设计。速跑鞋的鞋底纹理一般分为前掌、后掌两个部分，且大多以横向切割为主，综合多种纹理。前掌鞋底纹理较深，纵横交错，以增强其防滑的作用，如图7-22所示。

图7-20　速跑运动的特征

图7-21　速跑鞋的造型特点

图7-22　速跑鞋的外底设计

④速跑鞋的线条、结构特点。速跑鞋的结构相对慢跑鞋要简单一些，但依旧比较流畅有动感，线条上以曲线分割为主，讲究前后结构的呼应关系。

⑤速跑鞋的材料应用。

a. 帮面材料：速跑鞋的鞋面材料一般采用超纤皮革和细密的网布，超纤皮革全称是"超细纤维增强PU皮革"。这种皮革具有极其优异的耐磨性能和耐寒、透气、耐老化性能，采用细密的网布则是为了增强其包裹性和透气性，如图7-23所示。

b. 鞋底材料：速跑鞋的外底材料大多选用TPU塑料、尼龙塑料和耐磨橡胶。TPU塑料、尼龙塑料是为了提升速跑鞋的稳定性；耐磨橡胶最大的一个性能就是耐磨，其次还有它的弹性大、延展性强、抗撕裂性和电绝缘性优良，耐旱性良好，易加工、易与其他材料黏合，在综合性能方面优于多数合成橡胶。速跑鞋的鞋底材料如图7-24所示。

三明治网布

鞋面使用大孔眼三明治网布，透气、柔软、舒适

弯曲槽设计

前掌尼龙材质，三条弯曲槽设计使脚底更贴合，减少运动时力量损耗

橡胶鞋底

黑色橡胶底增强耐磨性和抓地性

包裹鞋面

鞋身使用植绒面料，增加支撑包裹性

图7-23　速跑鞋的帮面材料 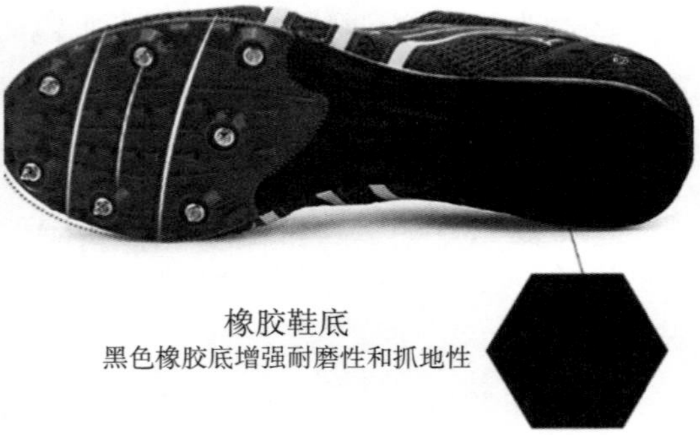　　　　　　　图7-24　速跑鞋的鞋底材料

（2）慢跑鞋的特点

①慢跑运动的特征。慢跑属于健身运动之一，脚掌与地面的冲击力相对较小。慢跑运动可分为原地跑、自由跑和定量跑等。慢跑是锻炼心肺和全身的良好方法，慢跑通常以隔日进行为宜，因此有的医学家认为过于频繁的慢跑会引起足弓下陷、外胫夹、汗疹、跟腱劳损、脚肿挫伤以及膝部后背病痛，所以慢跑前要做好预热运动，穿着合适的慢跑鞋和运动服，如图7-25所示。

图7-25　慢跑运动的特征

②慢跑鞋的造型特点。慢跑鞋在帮面造型上多以流线型为主，整体造型流畅、动感。其前掌较后掌宽大，鞋头的翻胶是慢跑鞋一个最常见的特征。为了减少运动过程中脚趾部位频繁的曲挠幅度，慢跑鞋的鞋头和鞋跟都有一定翘，整体造型像一艘小船。运动时脚趾要有足够的空间可以伸展，所以前掌要宽大一些。大多数跑鞋的后跟部分成内外两片，以提高跑动过程中由后跟到前掌这个动作过程的效率。而后跟踵心上的凹槽能提供一

定的减震功能，起到保护跟腱的作用，使慢跑运动更安全、舒适，如图7-26所示。

③慢跑鞋的外底设计。慢跑鞋鞋底花纹块面较大，以横向分割为主，以适应前掌频繁的弯折动作，减轻跑步的负担。花纹的粗度适中，有利于在不同的环境中运动，前掌宽大舒适，后掌一般有稳定结构，以增强稳定性能，如图7-27所示。

图7-26 慢跑鞋的造型特点

图7-27 慢跑鞋的外底设计

④慢跑鞋的线条、结构特点。慢跑鞋的结构流畅，具有速度感，整体结构轻盈、律动。线条上以曲线分割为主，讲究前后结构的呼应和律动关系。

⑤慢跑鞋的材料应用。

a.帮面材料：慢跑鞋的帮面材料一般由太空革和网布组合而成，使帮面具有一定的支撑性和良好的透气性能。

b.鞋底材料：慢跑鞋的鞋底材料一般由EVA、MD为中底，橡胶外底和脚弓TPU等配件组合而成。EVA可以提供良好的缓震性能，橡胶外底可以提供良好的抓地和耐磨性能，脚弓TPU配件能提供良好的支撑、稳定功能，以起到保护脚的作用。外底通常由碳素橡胶制成，碳素橡胶具有优良的耐磨性。

（3）长跑鞋的特点

①长跑运动的特征。长跑就是长距离跑步，与慢跑在运动性状上相似，但它强调运动的距离，长跑运动是一个需要体力和耐力的综合性项目。目前长跑运动员分两种类型：一种是后蹬用力较大，大腿前摆较高，步幅较大，但频率相对较慢；另一种是频率较快，步幅相对较小，这样后蹬力较小，腾起时间缩短，跑起来比较平稳，轻松省力。因此，采用第二种方法的人较多，如图7-28所示。

图7-28 马拉松长跑

②长跑鞋的造型特点。长跑鞋帮面处经常采用经纬线热切工艺，纵横穿插多组线条，辅助鞋面多角度束紧，从而达到以最轻量的结构支撑鞋体，减轻跑鞋的重量。高端的长跑鞋鞋底一般会有TPU托盘承托足弓，并辅以透气深槽；后跟也会有TPU托盘，以增强稳定与保护作用。这些配件的使用能避免因长时间跑步足弓等部位产生疲劳，如图7-29所示。

一片式鞋面设计

双密度3D支撑性鞋垫　　　"X"型TPU防扭转　　　四密度中底结构

图7-29　长跑鞋的造型特点

③长跑鞋的外底设计。长跑鞋的外底要求有中等粗度的花纹，以增加跑步时的防滑摩擦力。在野外、草地、泥土、山坡等路面，鞋底要求有良好的防滑性能，有较深较宽的底纹，同时需具备一定的减震效果，如图7-30所示。

④长跑鞋的线条、结构特点。长跑鞋的线条、结构和慢跑鞋一样流畅，富有速度感，整体结构轻盈、律动。但其帮面处经常采用经纬线热切工艺，纵横穿插多组线条，辅助鞋面多角度增强包裹性，线条上也是以曲线分割为主，讲究前后结构的呼应和律动关系，如图7-31所示。

图7-30　长跑鞋的外底设计　　　　　　图7-31　长跑鞋的线条、结构特点

⑤长跑鞋的材料应用。

a. 帮面材料：长跑鞋帮面材料多选用网布，以减轻鞋身的重量，保证透气性，搭配天然皮革的弹性材质来维持运动时的舒适度与稳定性，如图7-32所示。

b. 鞋底材料：大底材料一般为橡胶，中底材料则有EVA、MD、TPR、PU等之分，脚弓部分有TPU、PVC托盘或碳素板等配件，为长跑运动提供有效的足部支撑，如图7-32所示。

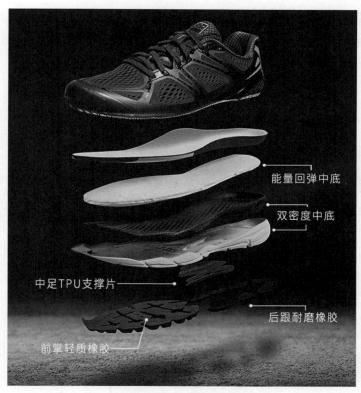

图7-32　长跑鞋的材料

7.2　跑鞋的款式结构特点

在日常生活中，速跑鞋一般为竞技比赛时穿着，受众群体小，而慢跑鞋和长跑鞋不管是在整体造型上，还是在帮面结构设计上基本一致，只是在功能和耐久性上有所差异，所以在此仅对日常生活中人们较常穿着的慢跑鞋展开介绍。

7.2.1 慢跑鞋的款式结构特点

慢跑鞋的款式结构特点可从整体造型特点、帮面款式结构特点、鞋底款式结构特点三个方面来归纳和总结。

（1）慢跑鞋的整体造型特点

慢跑鞋的整体造型像个小船，其前翘较大，后翘稍小，一般为低帮造型设计，穿着时可见踝关节，其后帮一般为双峰或单峰设计，整体造型轻巧、动感，如图7-33所示。慢跑鞋的鞋底一般为组合底（中底+外底），但是随着制鞋技术的发展与进步，不少品牌在中低端的鞋款中使用橡塑结合的一体式鞋底来降低成本，如图7-34所示。

图7-33 慢跑鞋的造型特点

图7-34 一体式鞋底

（2）慢跑鞋帮面款式结构特点

传统慢跑鞋的款式结构相对其他运动鞋来说要复杂一些，其帮面部件分割较细，一般由多个部件构成。帮面结构设计上，一般采用呼应、发射、韵律和重复等设计法则，整体线条流畅且动感。传统慢跑鞋后帮形式一般为双峰结构，如图7-35所示。近年来，随着飞织技术、无缝超薄热切技术和胶印技术的发展与成熟，慢跑鞋越来越往一体式帮面发

呼应设计法

图7-35 传统慢跑鞋的款式设计特点

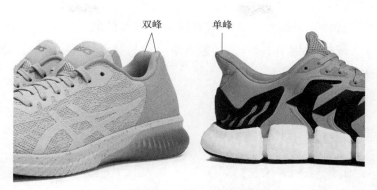

双峰　　单峰

图7-36　飞织跑鞋的后帮款式特点

展，传统车缝部件逐渐被无缝超薄热切技术和胶印所替代。一体式帮面跑鞋的后帮结构一般有双峰和单峰两种形式，如图7-36所示。

（3）慢跑鞋鞋底款式结构特点

慢跑鞋的鞋底从其侧面上看，可分为组合式鞋底和一体式鞋底。组合式鞋底一般由中底和外底构成，中底是慢跑鞋的核心部件之一，一般由EVA、E-TPU、PEBA等高分子材料构成。由于跑鞋的诸多功能均集成在中底上，因此中底又称为跑鞋的心脏；外底一般由橡胶材料构成，以提供良好的抓地效果，如图7-37所示。一体式鞋底一般没有中底和外底之分，它是在中底中加入适量的橡胶成分，使中底在为慢跑鞋提供舒适性的同时又具备一定的抓地性和耐磨性，此种鞋底在潮湿环境中的抓地力不足，有滑倒的风险。这种鞋底一般只用在休闲慢跑鞋和底端慢跑鞋中，适合日常休闲穿着，并不适合于跑步，如图7-38所示。

图7-37　组合式鞋底

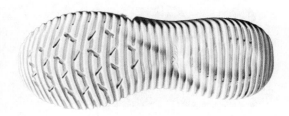

图7-38　一体式鞋底

慢跑鞋的鞋底从其底面上看，大部分为前后掌分离设计，但也有少部分前后掌连续的设计，大部分组合式鞋底的前后掌为分离式设计，中间由TPU、碳纤维等中桥结构连接，以增强鞋子的稳定性和抗扭转的能力。外底结构设计上一般为重复有序的块面分割，前掌有较深的横向分割凹槽，以增强其曲饶性；后掌中部一般有较深、较大的类椭圆形凹槽，以增强其减震性，如图7-39所示。一体式鞋底由于没有橡胶外底结构，且一般只用在休闲慢跑鞋中，所以其在外底结构设计上，前后掌一般只有重复有序的块面分割，而无其他功能设计，如图7-40所示。

图7-39　组合式鞋底功能设计

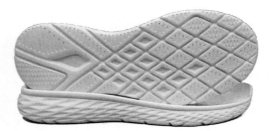

图7-40　一体式鞋底设计

7.3　跑鞋的款式结构与表现

跑鞋的细分种类不多，所以其款式结构的相似度较高，在此仅以人们日常生活中时常穿着的慢跑鞋为例进行款式结构与表现的讲解。随着制鞋工艺的发展，现今的慢跑鞋主要分为两大类：第一类是传统的车缝工艺慢跑鞋，如图7-41所示；第二类是飞织工艺慢跑鞋，如图7-42所示。在前文中已经介绍了慢跑鞋的主要特征和款式结构特点，接下来就从慢跑鞋常见的款式结构和表现进行讲述。

图7-41　传统的车缝工艺慢跑鞋

图7-42　飞织工艺慢跑鞋

7.3.1　传统车缝工艺慢跑鞋的款式结构

传统车缝工艺慢跑鞋的款式一般由皮革部件与纺织面料部件构成，皮革部件主要起支撑作用，纺织面料部件则起透气作用。行走时其鞋头和后跟常会与地面和各种障碍物接触，所以一般使用支撑性更好、更耐磨的皮革材料，一些强调保护性和稳定鞋款的后跟会使用TPU等热塑性材料。

（1）传统车缝工艺慢跑鞋的款式结构特点

传统车缝工艺慢跑鞋的款式结构整体比较流畅，部件分割以流畅的曲线为主，部件面积较小且较为细长，此类跑鞋常应用呼应设计结构，具体表现在鞋头部件与后跟部件相互呼应，如图7-43所示。但也有鞋头部件与中帮部件相呼应，以及后跟部件与帮面部件相互呼应等设计。重复韵律结构也是传统车缝工艺跑鞋常用的结构形式，具体表现在帮面部件以某一曲线造型呈现由小到大或由大到小的方式间距排列，如图7-44所示。

图7-43　呼应设计结构

图7-44　重复韵律结构

除此之外，放射韵律结构和仿生设计结构也经常在传统车缝工艺慢跑鞋的款式结构中出现，如图7-45所示。慢跑鞋的中帮部件就是应用了孔雀开屏的放射韵律结构，其鞋头部件则是孔雀头部的简化造型。图7-46所示为慢跑鞋的中帮部件应用了蝉的翅膀的结构造型，鞋头部件则是应用了蝉头部的写意造型。

图7-45　放射韵律结构

图7-46　仿生设计结构

（2）飞织工艺慢跑鞋的款式结构特点

相对传统车缝工艺慢跑鞋的款式结构而言，飞织工艺慢跑鞋的款式结构要简单一些，但却更具科技感。飞织工艺慢跑鞋的帮面结构一般由飞织面料、PP薄膜和TPU薄膜构成，如图7-47所示。但在款式结构上，与传统车缝工艺慢跑鞋的款式结构基本相似，都以流畅的曲线分割为主，经常应用呼应设计结构、放射韵律结构和仿生设计结构等款式设计，如图7-48所示。

图7-47　飞织面料和PP薄膜组合　　　　　　图7-48　放射韵律结构设计

7.3.2　慢跑鞋的设计与表现

慢跑鞋手绘线稿绘制的步骤（由于手绘线稿绘制的前面3个步骤基本一致，此处不再赘述）：

① 根据慢跑鞋鞋底侧面的比例确定其大概位置，并绘制出鞋底侧面的轮廓；然后确定鞋头厚度的大概位置E_2点，作$F_1F_2 \approx 1/5F_1K_1$，通过F_2点作$F_2F_3 // E_1F_1$，并使$F_2F_3 = 1/2E_1F_1$，得到F_3点为口门位置点；作$J_1J_2 \approx 1/5J_1G_1$，得到J_2为脚山位置点；再根据领口的弧线确定其关键点的大概位置为H_2、P_2、N_2点，如图7-49所示。然后用弧线连接M_1、E_2、F_3、R为跑鞋的背中线；弧线连接F_3、F_2、J_2、H_2、P_2、N_2为跑鞋的帮面弧线；弧线连接N_2、X_1为

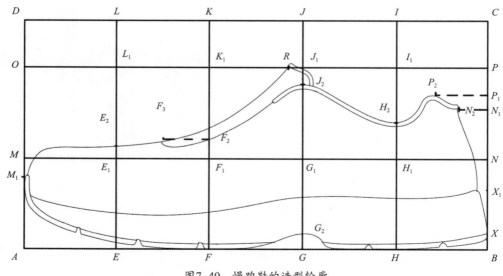

图7-49　慢跑鞋的造型轮廓

慢跑鞋的后弧线。至此，慢跑鞋的造型轮廓就绘制出来了，但别忘了要为领口增加2～3mm的厚度，如图7-49所示。此框架图仅为初学者提供绘图参考，对已掌握慢跑鞋绘制比例和绘制技法的读者，可不受此框架图影响。

图7-50 慢跑鞋结构图

② 根据步骤①的外轮廓设计出慢跑鞋的结构，即可得到慢跑鞋的完整结构图，如图7-50所示。在此，步骤①的外轮廓仅具有参考的作用，并非固定格式，在实际设计中，只要结构比例准确，可根据需要进行造型和轮廓的调整，效果图的绘制过程可扫描二维码查看。

7.3.3 慢跑鞋设计案例

◆ **设计主题：东方之冠——凤凰涅槃**（该案例设计者：07级鞋类设计专业——黄剑雄）

此案例的设计灵感来源于凤凰"浴火重生"的典故。此案例在"凤凰涅槃"典故的基础上结合了上海世博会的中国馆、信息通信馆、赵州桥等设计素材，这些设计素材汇集了中国现代和古代的建筑结构之最和"鸟类之最"，这也是题目"东方之冠——凤凰涅槃"的由来。

相传凤凰经历烈火的煎熬和痛苦的考验获得重生，并在重生中得到升华，这何尝不是现代年轻人成长史、创业史呢！作者希望通过此设计案例，与现代年轻人的职业发展、创业进取产生共鸣，借此呼吁他们在工作、创业之余不要忘记通过跑步、健身等各种运动方式来保持身体健康。接下来看看作者是如何进行设计的。

（1）设计素材

如图7-51所示，选取了中国馆的红色、信息通信馆立面的六边形结构、赵州桥的拱形结构和凤凰的曲线与尾羽造型等作为主要创作素材。

（2）设计草图

如图7-52所示，在草图构思阶段，作者以凤凰飘逸的曲线与跑鞋较为流畅、动感的帮面结构相结合，进行设计与分割；以赵州桥的拱形结构和减震原理与跑鞋所需的减震功能相融合，进行结构创新；以凤凰尾羽造型和曲线与跑鞋鞋底的结构特点相结合，设计出功能完备、造型优美的鞋底设计方案。

图7-51 设计素材

图7-52 设计草图

（3）设计方案

图7-53所示为此案例的最终选择方案，相对其他方案而言，此方案的帮面结构更为流畅、动感，更符合时下年轻人的性格特征；鞋底结构在其他方案的基础上增加了拱形交叉结构间的减震材料，增强了鞋底的减震与回弹效果。

（4）效果图绘制

效果图绘制时，在草图方案的基础上优化了工艺细节，丰富了帮面材料质感，以上海世博会信息通信馆立面的六边形作为网布结构，并选用白色作为主色调，使整体视觉感受更轻快，也更能体现出中国红的魅力，如图7-54所示。

图7-53 设计方案

图7-54 效果图

（5）最终设计方案

最终设计方案包括版式设计、设计细节、材料与工艺和创意说明等内容。如设计细节可使设计方案更加清晰、丰满，材料与工艺是设计变现的物质基础，因此不可或缺，具体如图7-55和图7-56所示。

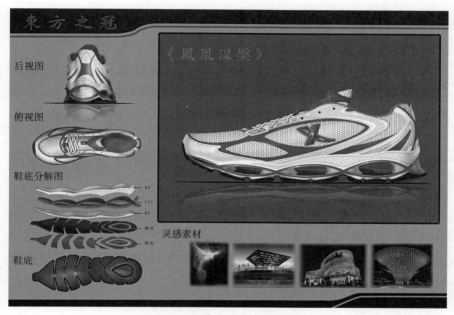

图7-55　最终设计方案（1）

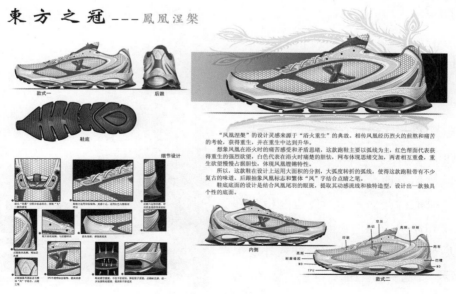

图7-56　最终设计方案（2）

8 篮球鞋款式结构特点与表现

篮球鞋顾名思义为打篮球时穿着的运动鞋，又称SNEAKER，这一词语同时也将球鞋爱好者融入其中，使得SNEAKER有更为丰富的内涵。

8.1 篮球鞋的特点

篮球运动是一项对抗性非常激烈的运动，不断的起动、急停、起跳，横向左右运动、垂直跳跃的动作也较多。一双篮球鞋，必须具有很好的耐久性、支撑性、稳定性、曲挠性和良好的减震效果。时下的篮球鞋已不仅是打篮球时使用，经众多品牌多年的发展，篮球鞋已走在运动时装化的先端，所以更加注重款式格调，在功能性方面也是集顶级装备于一身。款式一般为高帮及半高帮，能有效保护脚踝，避免运动伤害，运动及平时穿着均可体现超群的风采。

8.1.1 篮球鞋的特点

（1）篮球鞋的造型特点

篮球鞋的整体造型比较厚重，款式简洁，帮面造型一般为中帮和高帮为主，特别是高帮的篮球鞋能有效保护脚踝和跟腱，避免运动时的磕碰伤害，当然也有极少部分以轻便和休闲为主的低帮篮球鞋。篮球鞋的前后翘度都较小，因此篮球鞋外观上比较沉稳，不像跑鞋等那么动感，如图8-1所示。

图8-1　篮球鞋造型特点

（2）篮球鞋的结构特点

篮球鞋的帮面结构在视觉感受上比较简洁，其帮面结构基本上是大块面的分割，以重复和呼应的结构设计为主，传统工艺篮球鞋大都使用皮革材料，这主要是篮球鞋要求有较高的包裹性和支撑性；篮球鞋的鞋底结构相对其他运动鞋来说要复杂得多，这主要是篮球鞋对功能结构的要求较多，可谓是集各种功能于一身，如：专业气垫、减震结

图8-2　篮球鞋结构特点

构、TPU/碳纤维抗扭转结构等；鞋底侧面结构一般与帮面结构相呼应，比较简洁，但因汇集功能较多，所以整体厚度较高，如图8-2所示。

（3）篮球鞋的外底特点

篮球鞋外底一般采用高碳素耐胶或硬质橡胶居多，其纹理通常以人字形、水波纹和回形纹居多，以提高运动时的摩擦力，但在休闲类篮球鞋中对鞋底纹理则没有限制。因篮球运动经常有快速后退的动作，所以其后跟造型较为窄小，结构也较为扁平（也有两瓣式的设计），可有效稳定双脚，宽大的前掌通常带有较深的横向凹槽（与中底弯曲槽共同增强曲挠性），提高抓地性和稳定效果；TPU的内侧和脚弓等部位安装用高密度材料和TPU材料承托盘制成的扭转系统，以阻止运动时人脚向内过分翻转，避免运动扭伤，并使脚掌和脚跟配合地面情况自然扭转，提高运动时的稳定性和控制力。该系统同时增强中底强度，有效分解脚弓压力，良好的弹性配合中底为脚部提供了更强大的支撑作用，如图8-3所示。

图8-3　篮球鞋的外底特点

（4）篮球鞋的材料特点

① 帮面材料。篮球鞋帮面材质以加厚的柔软牛皮或同等物性的PU皮、牛巴革、超纤革为主，使其坚固、柔韧，有效承受冲击（耐久性）并令穿着舒适，部分款辅以小面积网布，以适应运动时尚对篮球鞋的要求。除此之外，篮球还有各种装饰工艺材料，如热切、电绣、电脑雕刻等。

a. 牛皮：牛皮（图8-4）等天然皮革是人们普遍认可的材料，它透气、柔软、耐剥离、耐折、耐寒，经久耐用；缺点是有瑕疵，毛孔多、形状不规范不易裁制。天然皮向来为人们所喜爱，鞋用皮有牛皮、猪皮、鹿皮、鸵鸟皮、鳄鱼皮、蛇皮等。篮球鞋一般使用牛皮，牛皮又可分为头层皮和二层皮，一般头层皮价格是二层皮的3～5倍。篮球鞋大量使用头层牛皮，这对篮球鞋的包裹性和韧性来说很有价值。

b. PU革、牛巴革：PU革是目前市场上使用最普遍的鞋材料，PU革柔软，富有弹性，手感好，表面多有光泽。牛巴革（图8-5）表面多呈磨砂状，手感粗涩，少有光泽且呈消光雾面，多数无弹性。牛巴革、PU革虽不同，但使用起来各有特色。相对而言，PU革使用更广泛一些，价格从十几元到上百元不等。在篮球鞋中，一般使用中档以上的牛巴革和PU革做鞋面。

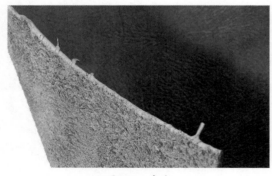

| 图8-4　牛皮 | 图8-5　牛巴革 |

c. 超纤革：超细纤维质感柔和，质地均匀，性能很接近天然皮，但比天然皮厚度更均匀，弹性更均衡，是人造革中极好的材料之一。其价格最便宜的也在每码60元以上，质量较好的高达200多元，目前大多数的中高档运动鞋会使用超纤革。

② 篮球鞋抱脚结构材料。

a. 鞋带：篮球鞋讲究抱脚结构良好，抱脚结构好的篮球鞋可使人在篮球运动过程中做一些诸如急停起跳、频繁跑动、转身或左右摆动动作时更为抱脚，不易松开。而鞋带就是抱脚结构重要的结构之一，这也使许多厂家为增强篮球鞋的抱脚性和稳定性而不断设计推出新的鞋带结构，不断寻找更加优秀的鞋带制作材料。目前，篮球鞋鞋带一般选用尼龙编织材料，这种材料具有弹性，不会过松或过紧，可使篮球鞋在运动中更抱脚、更稳固。专业级的篮球鞋一般采用方形的尼龙编织鞋带，而休闲类的篮球鞋一般为椭圆或圆形的鞋带，如图8-6和图8-7所示。

图8-6　方形鞋带

图8-7　圆形鞋带

b.魔术扣：篮球鞋另一重要抱脚结构就是魔术扣，它采用带状物进一步加强篮球鞋的抱脚性、稳定性和保护性。当魔术扣缠绕在脚弓上方的帮面时，是为了加强篮球鞋的包裹性和稳定性；当魔术扣缠绕在足踝位置时则是为了加强篮球鞋的保护性和抱脚性。不同部位的魔术扣如图8-8和图8-9所示。

图8-8　脚弓上的魔术扣

图8-9　足踝上的魔术扣

③篮球鞋常用装饰工艺材料。篮球鞋和其他运动鞋一样，也需要装饰工艺的点缀，才能使其质感得到提升。篮球鞋常用的装饰工艺主要有冲孔、印刷、高频、滴塑、热切、电绣和激光等，涉及材料的工艺如下：

a.印刷、立体印刷：印刷时通过刮板的挤压，使油墨通过图文部分的网孔转移到承印物上，形成与原稿一样的图文。但是随着科技的进步、市场的发展，出现了更高层次的印刷工艺：油印、立体印刷等，其主要材料是普通油墨、3M材料等。立体印刷主要有发泡印刷、滴塑印刷、硅胶印刷、热固油墨印刷，使其形成立体效果。在运动鞋上常用的是发泡印刷，发泡印刷是将含有发泡剂的发泡油墨印刷到承印物上后，通过加热发泡剂会汽化，使油墨层形成无数微小的气孔而产生立体图案。印刷和立体印刷分别如图8-10和图8-11所示。

图8-10　印刷　　　　　　　　　　　　　　图8-11　立体印刷

　　b.高频：高频是一种加热方式，在高频电场的作用下，使材料分子间发生强烈摩擦而生热，材料内部由此不断产生热量，此时通过模具的压合作用，可以在很短的时间内压出清晰的花纹图案而不会损伤材料。空压也是高频的一种，如图8-12所示。

　　c.滴塑：滴塑是塑料行业中用注塑工艺加工出来的适合篮球鞋等运动鞋的小块产品。这里的滴塑是指将滴塑部件缝合在帮面上的一种操作。滴塑常用在鞋眼、后套、侧身等位置，是TPU的另一种形式体现。一般都是质地较软的TPU，但也有橡胶材料制作的滴塑，滴塑一般被车在材料之下，最明显的标记就是一般在滴塑的边上都会车一圈车线，如图8-13所示。

　　d.热切：一般为塑料材质，但也有质地较软含有橡胶成分的材质，热切是将热塑性材

图8-12　高频　　　　　　　　　　　　　　图8-13　滴塑

料（如：PVC等）通过加热的模具施加压力进行切割，并且"焊接"在帮面部件上，同时产生彩色浮凸花纹图案的一种装饰方法。热切为运动鞋常用工艺，在球鞋上一般以标志和图案居多，如图8-14所示。

e. 电绣：一般为绣花线或者丝质材料，因此具有自然、悦目的光泽，使得绣品格外亮丽诱人，所以能提高鞋的品位和身价。电脑绣花与刺绣原理相同，只是采用机器代替人工，多用在鞋舌、眉片、后套、侧身等位置，大部分都是作为点缀出现的。电绣除了继承前几种装饰在造型、色彩、质地等方面的变化外，最突出的是还具有光泽上的变化，如图8-15所示。

f. 激光：又叫电脑雕刻，业内简称"电雕"，是用激光雕刻的方式在材料表面雕上花纹，一般作为点缀出现。激光是图案通过电脑和激光雕刻机的相互作用而实现的，但其成本高，应用时应考虑其档次与成本，如图8-16所示。

图8-14　热切　　　　　　　图8-15　电绣　　　　　　　图8-16　激光

④鞋底材料。篮球鞋的鞋底材料一般是由橡胶、PU、MD、TPU等材料构成的。篮球鞋是一种功能性较强的运动鞋，因此它对材料性能的要求也就比较高。

a. 橡胶：篮球运动对抗激烈，不断起动、急停、起跳等动作较多。因此篮球鞋需要耐磨性佳、防滑、有弹性、不易断裂、柔软度较好、伸延性好、收缩稳定、硬度佳、弯曲性好的材料，而经过加工的橡胶材料可以满足篮球鞋大底的各种需求，如图8-17所示。

b. PU中底：PU中底（图8-18）是由高分子聚氨酯合成材料构成，其密度、硬度皆高，耐磨性、弹性佳，具有良好的耐氧化性能，易腐蚀利于环保，不易皱折。在篮球鞋上利用适量的PU材料，有助于篮球鞋的减震性能和稳定性。但是PU材料也有缺点，放置久了会泛黄，因此它通常用在中底内包式的篮球鞋中。

c. MD中底：又称PHYLON，属于EVA二次高压成型品，具有轻便、弹性好、外观细腻、软度佳、容易清洗等特点。MD中底具有良好的减震性能，硬度、密度高，抗拉力、抗撕裂和延伸率佳等性能特点，是篮球鞋中底的良好材料，如图8-19所示。

d. TPU：TPU属于塑胶材质，拥有极大的可塑性，包括颜色、形状、软硬度等，所以

图8-17　篮球鞋鞋底

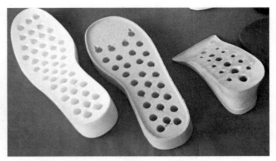

图8-18　PU中底

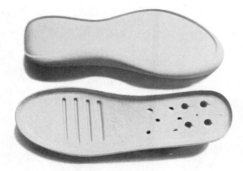

图8-19　MD中底

图8-20　TPU部件

更多地被用在球鞋制作上。它通常应用在鞋底的脚弓部位，以起到稳定的作用，有时用在后跟或者帮面局部，以起到稳定和装饰的作用，如图8-20所示。

　　e.碳纤维：在篮球鞋中使用的碳纤维指的是由碳元素构成的无机纤维，纤维的碳含量大于90%，一般分为普通型、高强型和高模型三大类。它的作用和TPU一样，在篮球鞋中主要用在脚弓的部位，碳纤维TPU的强度比普通TPU要强得多，能为篮球鞋提供极好的稳定性，如图8-21所示。

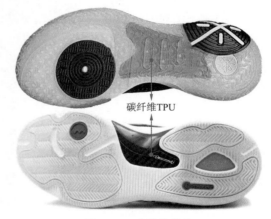

图8-21　碳纤维部件

8.1.2　篮球鞋的分类

（1）后卫篮球鞋

　　在篮球运动中后卫需要不断地控制球，进行变向、突然加速、突破，虽不需要特别大的力量，但一定要有爆发力，而且后卫普遍体重不高，因此后卫篮球鞋一般采用中底帮的造型，相比前锋和中锋篮球鞋而言，会相对轻巧一点。由于经常会有突然加速、突破的动作，所以对球鞋的稳定性和包裹性要求较高，因而后卫篮球鞋的结构比较流畅，也会通过魔术扣等配件来加强前掌的包裹性，在整体造型上有跑鞋的设计风格。所以并不是所有篮球鞋都给人以稳重、厚实的感觉，也可以通过线条、分割的不同来表现篮球鞋的轻盈，如图8-22所示。

① 后卫篮球鞋的造型特点。后卫篮球鞋的造型相对中锋篮球鞋来说要秀气一些，鞋头和后跟有一定翘度，其基本为中低帮设计，和网球鞋较相似，只是鞋底纹理比网球鞋要细一些。后卫篮球鞋的整体造型比较简洁，鞋头的视觉感受不像中锋篮球鞋那么厚重，有灵活、轻便感，如图8-23所示。

图8-22　后卫篮球鞋

图8-23　后卫篮球鞋的造型特点

② 后卫篮球鞋的线条、结构特点。后卫篮球鞋的整体线条简洁、流畅，由于帮面较低，所以背中线弧度也比较平缓，帮面部件的分割基本为平缓的曲线；其结构也比较简洁，和大部分篮球鞋一样，为大块面的分割形式，其鞋头和后跟部件结构经常采用相互呼应的设计，如图8-24和图8-25所示。

图8-24　后卫篮球鞋的线条特点

图8-25　后卫篮球鞋的结构特点

③后卫篮球鞋的外底设计。后卫篮球鞋外底设计多运用波浪纹，适于做变向突破。当然也有人字纹，人字纹的大底设计在防滑性上具有显著的特点与优良性。后卫篮球鞋鞋中底通常有稳定装置设计，如图8-26所示。

④后卫篮球鞋的材料应用。

a. 鞋面：一般选用的是真皮，基础的是人造皮革，但是在加之以TPU作为支撑时可以选用尼龙等化纤材料，这是一种类似织物的材料，高级尼龙非常透气，可以有效地减少鞋身的重量，也可以增加透气性。近年来制鞋科技发展日新月异，随着飞织、超薄热切、KPU热熔等技术的成熟与广泛应用，篮球鞋的帮面材料选择也有了更多可能性与塑造性，如图8-27所示。

b. 鞋底：外底采用高碳素耐磨橡胶，通常为人字形、波浪形底面，能提高运动时的防滑性能。中底一般运用MD、PU等材料，双密度结构设计，内侧和脚跟部位较硬，可有效矫正脚部翻转，有效提高运动时的稳定性，避免运动者受到伤害。前掌则较柔软，有效减震，并提供起动及跳跃时有效的推进力，前掌部位弯曲槽设计，使脚在活动时更加灵活、自然。

图8-26　后卫篮球鞋外底

图8-27　篮球鞋的材料

（2）中锋篮球鞋

中锋篮球鞋大部分为高帮设计，能起到更好的保护脚踝的作用。鞋面结实，鞋身厚重感较强，鞋前头与其他类型篮球鞋相比更具有包裹性。因运动过程的特殊性，鞋中底通常有抗翻转装置设计。中锋还需要特别保护脚踝、膝盖部位，因此普遍是气垫覆盖脚掌，能更好地缓冲脚掌瞬间落地的压力。

①中锋篮球鞋的造型特点。中锋篮球鞋由于采用高帮或超高帮设计，所以其整体造型沉稳、厚重，鞋头和后跟的翘度很小，且鞋头厚度较大。中帮、后帮沉稳、粗壮，以适应中锋球员的体重要求，在视觉上给人以力量感，如图8-28所示。

②中锋篮球鞋的线条、结构特点。中锋篮球鞋的整体线条简洁，由于中帮较高，使其背中线弧度较为陡峭，由于块面较大，所以帮面线条简洁，以平缓曲线分割为主。

中锋篮球鞋的结构简单，帮面以大块面分割为主，但个别鞋款也会有动感的曲线结构设计。鞋底有一定厚度，一般为组合式结构设计，可赋予其更强大的减震、稳定等功能，如图8-29所示。

图8-28　中锋篮球鞋的造型

图8-29　中锋篮球鞋的线条、结构

③ 中锋篮球鞋的外底设计。中锋球员需要背靠打、转身、抢篮板，因此鞋底纹路需要给予推进式单一方向的最大摩擦力，鞋底纹路一般比较简单，但仍然能感觉到脚底较强的摩擦。纹路最常见的有水波纹底、人字纹等，但也有个别鞋款使用回形纹等传统纹样。在横向和纵向移动的基础上，中锋球员也经常会有快速转身的动作，所以前脚掌拇指跖趾关节处一般会有吸盘式的结构设计，如图8-30和图8-31所示。

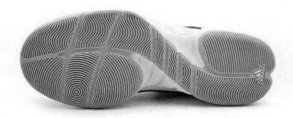

图8-30　中锋篮球鞋的外底纹理（1）

图8-31　中锋篮球鞋的外底纹理（2）

④ 中锋篮球鞋的材料应用。

a. 鞋面：中锋篮球运动员在运动过程中身体对抗激烈，要求鞋帮面结实，因此鞋身材料多应用具有强烈抗拉性的真皮或者质地精细的超纤皮革。

b. 鞋底：大底一般采用高耐磨加碳橡胶，中底较高端的运用PHYLON材料，是发泡再压缩技术，相对EVA中底面言，具有不易变形的特点，且具有良好的减震性能，为脚后跟、脚踝提供优良的减震性。TPU是中锋篮球鞋鞋底常用的一种支撑材料，此种材料用于鞋底能起到保护足弓、支撑中底力前移的作用，再加上TPU材料具有韧性强、质量轻的特点，可在改善中锋篮球鞋笨重的同时又增强其鞋底的稳定性和抗扭能力。

（3）前锋篮球鞋

前锋是篮球比赛阵容中的一个位置，传统上以进攻得分为主要任务，强调快速推进上篮、抢篮板、卡位等能力。随着各种半场进攻战术以及三分线的发展，现今篮球运动中前锋除了速度以外，往往还被要求具备运球突破以及长距离投射的能力。因此，要求前锋篮球鞋要尽量轻，同时也要求有一定的护踝、减震和曲挠性，中帮的篮球鞋往往是最好的选择，如图8-32所示。

①前锋篮球鞋的造型特点。前锋篮球鞋由于采用中帮或高帮设计，所以其整体造型沉稳、厚重，鞋头和后跟的翘度很小，且鞋头厚度较大。相对中锋篮球鞋而言，中帮、后帮要轻巧一些，以适应前锋球员的技术动作要求，因其相对后卫篮球鞋而言要厚重一些，而相对中锋篮球鞋而言则要轻薄一些，因此在视觉上给人以中庸的感觉，如图8-33所示。

②前锋篮球鞋的线条、结构特点。前锋篮球鞋的整体线条简洁，由于中帮比后卫篮球鞋较高，使其背中线弧度较大，篮球鞋的部件块面普遍较大，所以帮面线条简洁，以平缓曲线分割为主。前锋篮球鞋的结构简洁，帮面以大块面部件分割为主，但个别鞋款也会有动感的曲线结构设计。鞋底厚度较大，侧面会有上翻的橡胶大底，以提升运球时侧面的抓地力和防滑性。鞋底结构一般为组合式结构设计，这样有利于减震、稳定等功能结构的设计，如图8-33所示。

图8-32　前锋篮球鞋　　　　　　　　　　图8-33　前锋篮球鞋的造型特点

③前锋篮球鞋的外底设计。前锋运动员经常需要做急停、跳投、抢篮板等工作，鞋底纹路也需要试验推进式单一方向的大摩擦力纹理，因此鞋底纹路一般以简单的水波纹和人字纹为主，可提供较强的摩擦力，进而提升启动速度和急停所需的防滑性能。但在一些偏休闲、时尚的鞋款中会使用回形纹、圆形纹、菱形纹和各种传统纹样。在前后、左右快速移动的基础上，前锋球员也经常会有快速转身的动作，所以前脚掌拇指跖趾关节处也会有吸盘式的结构设计，如图8-34和图8-35所示。

图8-34 前锋篮球鞋鞋底纹理（1）　　　　　　　图8-35 前锋篮球鞋鞋底纹理（2）

④ 前锋篮球鞋的材料应用。

a. 鞋面：前锋篮球运动员在运动过程中身体对抗激烈，也要求鞋帮面结实，因此鞋身材料多应用具有强烈抗拉性的真皮或者质地精细的超纤皮革为主要鞋身面料。随着制鞋科技的发展，现今的篮球鞋帮面材料越来越往复合材料方向发展，如用热熔胶纱线与网布或飞织材料进行复合，以达到皮革材料的包裹和支撑力的同时，又增强了透气性。在此基础上还可配合TPU或PP热熔膜等材料和工艺，来增强帮面的各种功能。

b. 鞋底：前锋篮球鞋的大底材料要求与中锋篮球鞋基本相同。

8.2　篮球鞋的款式结构特点

篮球鞋是传统意义上的专业运动鞋，但是随着各大厂商推广的名人效应、时尚化设计手段的应用，时下的篮球鞋已经不只是打篮球才穿着了，它俨然成为年轻人脚下的时尚鞋款。接下将从其整体造型、帮面款式结构、鞋底款式结构等方面进行阐述。

（1）篮球鞋的整体造型特点

相对于跑鞋而言，篮球鞋的前后翘都比较小，鞋头宽大、圆润，整体造型较为沉稳。帮面结构一般比较简洁，鞋底因各种功能需求，所以较厚。外形轮廓上可分为：低帮、中帮、高帮和超高帮等几种类型，如图8-36所示。

（2）篮球鞋帮面款式结构特点

传统篮球鞋的帮面结构一般由大块面的皮革部件构成，并辅以各种装饰工艺。帮面的款式设计一般以平缓曲线或直线分割为主，但少数休闲款式也有使用大曲线或折曲线进行分割，如图8-37和图8-38所示。随着制鞋工艺的发展与进步，篮球鞋的帮面款式设

（a）低帮   （b）中帮

（c）高帮   （d）超高帮

图8-36　篮球鞋的造型特点

图8-37　平缓曲线分割   图8-38　折曲线分割

计越来越往时尚化发展，所用的材料也越来越多样化。伴随着各种包裹、支撑性能可媲美甚至超过皮革材料的热熔胶纱线飞织技术、KPU鞋面技术、热熔膜鞋面热压技术的应用，现在的篮球鞋帮面款式结构越来越往一体化、无车缝工艺发展，如图8-39和图8-40所示。

图8-39　热熔胶纱线网布

图8-40　热熔膜鞋面热压技术

（3）篮球鞋鞋底款式结构特点

　　篮球鞋对各种功能要求较高，因此其一般为组合式鞋底，也就是由发泡中底和各种橡胶外底构成。整体款式设计比较简洁，以流畅的小幅度曲线或直线来分割。中底一般由MD、PU、E-TPU、PEBA等高分子材料构成。由于篮球鞋的诸多功能大多集成在中底上，因此中底的设计也是篮球鞋各种功能设计的核心要点，如图8-41所示。

　　外底一般由橡胶材料构成，以提供良好的抓地效果。篮球鞋的外底款式设计一般为前后掌分离式设计，但也有少数鞋款是连贯式设计的。篮球鞋根据场地可分为室内篮球鞋和室外篮球鞋。室内篮球鞋的外底一般为碳素橡胶，室内一般为实木或细腻的塑胶场地，因此其外底一般为更强调防滑、抓地性能的碳素橡胶。室外篮球鞋的外底一般为硬质橡胶（图8-42）或耐磨橡胶，这是因为室外一般为水泥或普通塑胶场地，所以其外底选择更强调耐磨、抓地性能的橡胶材料。

后掌缓震

前掌缓震

图8-41　篮球鞋的功能设计

图8-42　硬质橡胶外底

此外，为了满足高强度的篮球对抗运动，往往要求篮球鞋必须具备强大的抗扭转功能、支撑性和较强的包裹性。因此专业篮球鞋的鞋底往往会使用足型碳纤维TPU来增强其抗扭转的能力，在帮面使用TPU或魔术扣来增强其支撑性和包裹性，如图8-43和图8-44所示。

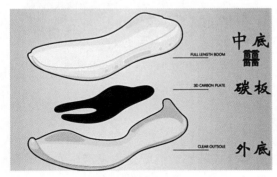

图8-43　鞋底功能设计

图8-44　魔术扣设计

8.3　篮球鞋的款式结构与表现

篮球鞋的细分种类不多，所以其款式结构相似度较高，在此仅以人们日常生活中时常穿着的中低帮篮球鞋为例，进行款式结构与表现的讲解。随着制鞋工艺的发展，现今的篮球鞋主要分为两大类：第一类是传统的车缝工艺篮球鞋，如图8-45所示；第二类是一体化帮面工艺篮球鞋（应用热熔胶纱线飞织技术、KPU鞋面技术和热熔膜鞋面热压技术的帮面设计），如图8-46所示。在前文中已经介绍了篮球鞋的主要特征和款式结构特点，接下来就从篮球鞋常见的款式结构和表现进行讲述。

图8-45　传统的车缝工艺篮球鞋

图8-46　一体化帮面工艺篮球鞋

8.3.1　传统车缝工艺篮球鞋的款式结构

　　传统车缝工艺篮球鞋的款式一般由皮革部件和纺织辅料部件构成，皮革部件主要起到支撑、包裹的作用，纺织辅料部件则是内里面料起到舒适、保暖和吸湿的作用。篮球鞋因更强调稳定性与保护性，有部分专业鞋款的鞋头和后跟会使用强度更高的TPU等热塑性材料。而休闲款也因行走时其鞋头和后跟常会与地面和各种障碍物接触，所以一般使用支撑性更好、更耐磨的皮革材料，如图8-47所示。

（1）传统车缝工艺篮球鞋的款式结构特点

　　传统车缝工艺篮球鞋的款式结构整体比较流畅，部件分割以轻缓、流畅的曲线或直线为主，部件面积较大且较为方正，如图8-47所示。此类篮球鞋常应用重复设计结构，具体表现在帮面部件以某一相似形态重复出现，如图8-48所示。但也有帮面部件造型与鞋底部件造型相互呼应的设计。重复韵律结构也是传统车缝工艺篮球鞋常用的结构形式，具体表现在帮面部件以某一曲线造型呈现由小到大或由大到小朝某一方向呈规律性排列。

　　除此之外，放射韵律设计结构和呼应设计结构也经常在传统车缝工艺篮球鞋的款式结构中出现，如图8-49所示篮球鞋的中帮部件就是应用了放射韵律所设计。如图8-50所示篮球鞋的中帮部件造型与后跟部件造型结构就是应用了前后呼应的设计法则。

图8-47　大块面分割设计

图8-48　重复设计结构

图8-49　放射韵律结构

图8-50　呼应设计结构

（2）一体式帮面工艺篮球鞋的款式结构特点

相对传统车缝工艺篮球鞋的款式结构而言，一体式帮面工艺篮球鞋的款式结构要简单一些，但更具科技感。一体式帮面工艺篮球鞋的帮面结构一般由飞织面料、PP薄膜和TPU薄膜构成，如图8-51所示；但在款式结构上与传统车缝工艺篮球鞋的款式结构基本相似，都以轻缓、流畅的曲线分割为主，经常应用重复、呼应的设计结构和放射韵律结构等款式设计，如图8-52所示。

图8-51　飞织面料和PP薄膜组合

图8-52　放射韵律结构设计

8.3.2　篮球鞋的设计与表现

篮球鞋手绘线稿绘制的步骤（由于手绘线稿绘制的前面3个步骤基本一致，此处不再赘述）：

① 根据篮球鞋鞋底侧面的比例确定其大概位置，并绘制出鞋底侧面的轮廓；然后确定鞋头厚度的大概位置 E_2 点，作 $E_1E_2 \approx 1/6E_1L_1$；作 $F_1F_2 \approx 1/5F_1K_1$，通过 F_2 点作 $F_2F_3 // E_1F_1$，并使 $F_2F_3 = 3/5E_1F_1$，得到 F_3 点为口门位置点；J_1 直接为脚山位置点；再根据领口的弧线确定其关键点的大概位置为 P_2 点；用弧线连接 M_1、E_2、F_3、R 为篮球鞋的背中线；弧线连接 F_3、F_2、J_1、P_2 为篮球鞋的帮面弧线；弧线连接 P_2、X_1 为篮球鞋的后弧线。至此，篮球鞋的造型轮廓就绘制出来了，但别忘了要为领口增加2~3mm的厚度，如图8-53所示。

② 根据步骤①的外轮廓设计出篮球鞋的结构即可得到篮球鞋的完整结构图，如图8-54所示。在此，步骤①的外轮廓仅具有参考的作用，并非固定格式，在实际设计中，在结构比例准确的前提下，可根据需要进行造型和轮廓的调整。效果图的具体绘制过程可扫描二维码查看。

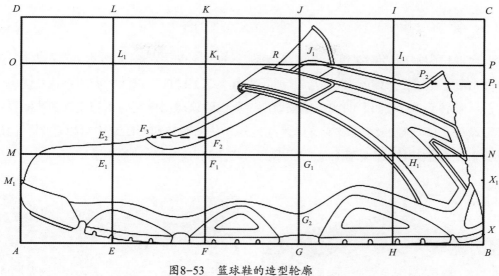

图8-53　篮球鞋的造型轮廓

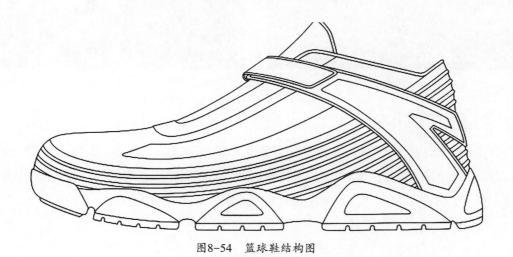

图8-54　篮球鞋结构图

8.3.3　篮球鞋设计案例

◆ 设计主题：闽南传统建筑

　　设计是一种思维活动，是设计师对设计素材、流行趋势、材料和工艺的理解与运用的综合体现。在这个过程中包含了诸多方面的内容，如对素材的理解与应用、材料和工艺的选择与应用、美学原理和人机工程等。下面就以闽南建筑元素中的"双坡曲"为例，侧重从篮球鞋结构方面来讲解如何将"双坡曲"元素应用到篮球鞋的结构中。

（1）素材分析

设计素材为闽南传统建筑元素"双坡曲"，如图8-55和图8-56所示。"双坡曲"是闽南建筑元素中比较经典的元素之一，其线条极具美感，因此在设计时需侧重从其优美的曲线入手。但由于"双坡曲"的线条比较简洁，所以建议运用重复韵律和流线韵律的设计手法进行设计，使球鞋的结构产生韵律美。另外，从图8-55和图8-56中可以看到屋檐的结构造型非常适合应用在篮球鞋鞋底的侧墙上，这样使得球鞋更具整体感。

图8-55　双坡曲（1）　　　　　　　图8-56　双坡曲（2）

（2）素材的简化与重构

根据素材分析，对其进行简化处理得到所需的部分曲线，如图8-57所示。但是该线条比较单一，因此需要进一步对曲线进行重构处理。根据篮球鞋的结构特点，加大该曲线的弯曲弧度，增加了宽度，并对宽度进行渐变处理，如图8-58所示。

图8-57　"双坡曲"素材简化

图8-58　"双坡曲"素材重构

（3）草图构思

根据简化、重构后的曲线，从曲线韵律排列的4个方向进行篮球鞋草图的设计构思，如图8-59所示。

（4）方案选择与细节设计

在众多方案中作者最终选择了图8-60所示方案，该方案通过密集的线条改变了传统篮球鞋笨重、刻板的印象，突破篮球鞋以往大块面、结构简单的表现形式，使其具有曲线感与韵律美。该方案的鞋底侧墙上融入"双坡曲"中的屋檐结构造型，在大底结构上依然运用了"双坡曲"线条，并通过回形纹的形式来表现，使其达到抓地、防滑的目的。

图8-59 双坡曲素材——草图构思

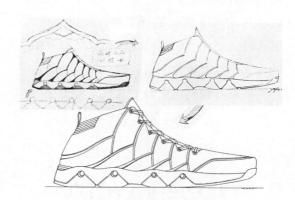

图8-60 方案与细节设计

（5）效果图的绘制

效果图的绘制在运动鞋的设计中是一个非常重要的环节，它包含众多内容，如颜色的搭配、材料肌理的应用、制鞋工艺的应用、立体感和光感的塑造等，如图8-61所示。

通过该案例，可以看到传统建筑元素在运动鞋的设计上是有用武之地的。在运用得当的情况下，是极具美感的，也更具民族特色。在"国潮"的大背景下，国产运动品牌更应在文化内涵上发力，进而将传统文化元素应用在运动产品的设计上，使其更具民族特色，进一步提高产品的附加值和市场竞争力，使本土运动品牌在国际竞争中占有一席之地。

图8-61 效果图

9 户外运动鞋款式结构特点与表现

户外运动鞋在运动鞋领域是一个较新的名词，泛指从事不同类型户外运动各具不同功能运动鞋的总称。户外运动作为特殊的运动形式，不过几十年的历史，而被概括为户外运动的某种运动形式的历史则会更长一些。随着登山活动的开展，登山鞋问世了，这些早期在小作坊人工缝制的登山鞋，经历了数代人的改进与革新，工艺水平有了突飞猛进的发展，特别是先进机器和现代高科技材料的应用，使登山鞋的性能有了较大提高。当登山鞋的含义不能准确地涵盖各类户外运动所需的不同特性时，于是有了户外运动鞋的概念，以户外运动鞋概括这类鞋，其含义则更准确。

9.1 户外运动鞋的特点

户外运动鞋起源于欧洲，得益较早的工业化，富足的欧洲人开启越野和穿越的乐趣，功能强劲的户外运动鞋也就应运而生。真正的专业户外登山鞋是在舒适的基础上具备优越的防水性能，如图9-1所示。这是绝大多数普通运动鞋所不具备的，接下来详细了解。

图9-1 防水透气网布

9.1.1 户外运动鞋特点

（1）户外运动鞋的造型特点

户外运动鞋的造型和篮球鞋较为相似，整体视觉比较沉稳、厚重，但因户外运动鞋的鞋底一般有较为厚重的橡胶材料，所以整体要比篮球鞋重得多。户外运动鞋的帮面造型也与篮球鞋相似，都是大块面的分割，整体造型比较简洁。户外运动鞋的大底纹路设计十分讲究，可谓独树一帜，因其所面对的大都为非铺装路面，所以其底花造型都设计得较为粗大，沟槽较深，以提高其抓地性，起到防滑的作用，如图9-2所示。

（2）户外运动鞋的线条特点

户外运动鞋的线条特点和篮球鞋相似，虽然整体造型较为厚重，但其简洁的结构使其在线条上也比较简洁。为了使其有更加出色的视觉效果，通常会在帮面结构上增加车假线等工艺，增加其线条的丰富性，如图9-3所示。

图9-2　户外运动鞋的造型特点

图9-3　户外运动鞋的线条特点

（3）户外运动鞋的结构特点

户外运动鞋的结构也和篮球鞋相似，整体结构看起来比较简单，但其实它的结构设计非常讲究，帮面结构设计既要柔和、舒适，又要坚固、耐撞，因此专业登山鞋的鞋头和后跟都有塑钢的结构部件，而普通的徒步鞋和穿越鞋一般使用的是橡胶皮革部件。户外运动鞋的大底结构比较简单，以稳定、耐磨和防刺穿为主，所以其大底材料一般有硬质橡胶、机织碳素板或钢板等构成，以使

图9-4　户外运动鞋的结构特点

其在徒步、穿越或攀登时能保证鞋底的硬度、稳定性和安全性。户外运动鞋鞋舌的结构设计一般要求较高、较厚，且有不能移动、不易错位等要求，这样保障其有较高防水性能，如图9-4所示。

（4）户外运动鞋的材料特点

① 帮面材料。一双性价比高的户外运动鞋，与制鞋的原料有关，因为所用原材料直接影响了鞋的价格。通常一双户外运动鞋使用的原料为皮料、网布、防水材料（SYMPATEX、KING-TEX等），包括海绵、鞋垫、中底板和大底等。一双全皮的户外运动鞋的皮料成本占了全鞋成本的50%，因此，如果选择皮质的户外运动鞋，皮料很重要。皮料可分为头层皮和二层皮，价格相差大，头层皮因制作工艺的不同，价格差异也较大。

a. 皮革材料：如图9-5所示，户外运动鞋的皮料一般选用牛皮或羊皮等真皮材料，牛皮皮质最优为黄牛皮，其次是牦牛皮，再次是水牛皮。皮革为天然原料制成，本身在先天上即有参差不齐的特质，即使同张皮革各部位组织也完全不同，因此很难做到整批或整张色泽完全均匀一致（重涂料皮外）或色水完全一样，尤其是涂饰层较薄的皮革，刺伤、血管痕、颈纹、白点等均为原料的天然瑕疵。因此采用天然皮料制作的登山鞋，工厂通常进行配双生产，力求减少色差的影响。而登山鞋则会使用SYMPATEX、KING-TEX等人造防水材料，其采用的皮料、泡棉等内部原料都经过防水处理，如鞋线等也需防水，其作用是尽量减少虹吸现象，避免水从SYMPATEX、KING-TEX等防水透气材料制作的袜套上方倒灌。这类经防水处理的材料价格也远高于未经处理的材料价格。

b. 纺织面料：如图9-6所示，户外运动鞋的纺织面料一般选用防水网布、帆布等防水效果较好的材料，也有选用尼龙布等化纤材料。防水网布是网布与防水透气薄膜结合的产物，这种材料既能有效隔绝水分进入鞋内，又具有保暖性和透气性。这样能使脚部在冬季户外运动时不会被冻伤。鞋用帆布一般都选用细帆布，其织物坚牢耐折，具有良好的防水性能，常用于防水运动产品、汽车运输和露天仓库的遮盖以及野外帐篷等。

图9-5　户外运动鞋的皮革材料

图9-6　户外运动鞋的纺织材料

② 鞋底材料。如图9-7所示，从其大底侧面看，户外运动鞋的鞋底也是由中底和外底两部分组成。中底一般选用PU或飞龙中底，飞龙中底是EVA的二次高温高压成型中底，一般用于篮球鞋、户外运动鞋等；外底一般都选用橡胶材料，因为橡胶大底具有耐磨、抓

地性好、防滑等优点，而这些恰是运动鞋所
需要的。

从大底视图看，仍然是大面积的橡胶材
料，在重型登山鞋上则采用一体式硬质橡胶
的设计，其底花块面较大，形状都为不规则
的多边形，且底花沟槽较深。由于户外运动
的地面情况比较复杂，经常是泥土、坑洼路
况，因此底花要求块面较大且沟槽要深，这
样才能深入地表起到抓地作用；而不规则形态的底花则有利于防滑与抓地。

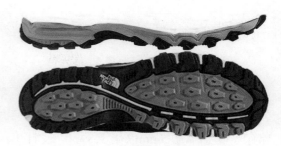

图9-7 户外运动鞋的鞋底材料

9.1.2 户外运动鞋的分类

由于户外运动的种类较多，从而使得相应的户外运动鞋种类也较多。归纳起来大致可
以分为7大种类。

（1）高山靴

高山靴适用于冰、雪、岩混合地形，给登山者提供可靠的安全和保暖性能。鞋底坚
固，很硬，基本上不能弯折；鞋帮坚硬，内里填充有厚而保暖的材料。一般7000m以上雪
山应用的高山靴大都是双层靴，就是鞋子里面还有一个可以拿出来的内靴；7000m以下雪
山使用的是单层靴。鞋前后跟留有卡槽，与冰爪配合可以用于高海拔登山。这种鞋类适用
于专业登雪山以及攀冰等，如图9-8和图9-9所示。

图9-8 高山靴（1）

图9-9 高山靴（2）

（2）长途穿越鞋

长途穿越鞋主要用于大背负、长途徒步活动，涉及地形往往到雪线附近等荒无人烟、人迹罕至的地方。此类鞋底也很坚硬，鞋底纹路很深（通常在5mm以上），高帮设计（一般18～23cm），鞋面以全皮居多。通常配有GORE-TEX、event等防水透气面料，如图9-10所示。

图9-10　重装长途穿越鞋

这种鞋子一般刚穿会很不适应，因为鞋底较硬，走路不是那么灵活，其实如果真的走到复杂地形的穿越和徒步，就知道为什么鞋底要做得这么硬了。首先背包自重比较大，如果鞋底软，走在尖锐的乱石堆上，那么自身加上背包的重量，会使脚掌痛苦不堪。另外，硬质鞋底给脚掌有力的支撑，而高帮则对脚踝起保护作用，可防止脚腕扭伤。

（3）中型徒步鞋

中型徒步鞋主要用于背负较重、出行时间较长的户外活动，涉及地形比较复杂，多碎石、多坡路。此种类户外鞋在考虑到耐用和保护的同时，兼顾了一定的柔软度（鞋帮和鞋底）。通常也是高帮，有全皮的，也有皮面和一些高强度尼龙纤维混合制成的，均具有防水透气功能。这个是大多数背包族常规选用的一类户外鞋，也是适用度最广的一类户外鞋，如图9-11所示。

图9-11　中型徒步鞋

（4）户外健行鞋

户外健行鞋主要为背负较少的2天左右的户外活动设计，适用于路况较好、活动强度不大的环境，比如周末游、旅游、野营等活动。此类鞋因为环境状况较好，对于保护功能要求不高，反而对舒适度要求更高。这样的鞋子轻便、柔软、舒适，中帮或低帮设计，即使遇到多变的路面状况和自然环境也可以从容应对，如图9-12所示。

图9-12　户外健行鞋

（5）越野跑鞋

越野跑鞋适用于日常和城市户外休闲运动穿着使用。灵活、轻便，舒适度好。相比较一般的运动鞋，越野跑鞋更注重缓冲和支撑性能，同时也比一般的运动鞋更注重抓地力和防水透气性，如图9-13所示。

图9-13　越野跑鞋

（6）沙滩鞋、溯溪鞋

户外凉鞋或溯溪鞋，防滑性要求高，面料通常为尼龙布织物或PU皮面料拼接，速干。溯溪鞋对脚的包裹和保护性要求稍高。

沙滩鞋是由鞋面和鞋底两部分连接而成。鞋面部分采用绵纶或涤纶面料制成，其优点在于有弹性，不易吸水，鞋帮部分配有紧固带，其功能在于可以使沙滩鞋与脚底的凹面部分能够紧密地贴在一起，使鞋与脚形成一体，可避免在游泳时鞋子脱落，同时也有减少阻力的作用。脚底部采用弹性橡胶底，其功能在于防止被贝壳或硬石子扎伤脚底，如图9-14所示。溯溪鞋是一种运动鞋，是经常出水和入水的，这就要求鞋子的排水性要好，而且泥沙也能随水一同排出，减少对脚部的伤害，如图9-15所示。

图9-14　沙滩鞋

图9-15　溯溪鞋

（7）攀岩鞋

攀岩鞋是专门为攀岩运动设计制作的鞋子，一般用轻便、柔软、粘贴性较强的橡胶为底——以方便攀岩运动者在岩壁上更好地使用蹬踏等技术动作；橡胶上翻的设计让脚可以踩得更稳；用橡胶包裹的踝部方便攀岩者可以在岩壁——尤其是负角岩壁上用脚跟做出"勾"的动作。攀岩鞋如图9-16所示。

图9-16　攀岩鞋

9.1.3　常见户外运动鞋的特点

（1）长途穿越鞋

①长途穿越鞋的造型特点。长途穿越鞋的整体造型沉稳、厚重，一般为高帮设计，鞋头造型较厚，后帮较为粗壮，鞋底整体造型与篮球鞋相近，但比篮球鞋要厚重一些，也更为坚硬。鞋底纹理粗大，沟槽较深，如图9-17和图9-18所示。

②长途穿越鞋的线条特点。长途穿越鞋的整体线条比较流畅，帮面线条基本以直线和平缓曲线为主，如图9-19所示。鞋底线条也基本比较平缓，但也有一些较为短促的小曲线。

③长途穿越鞋的结构特点。长途穿越鞋的结构和大部分户外鞋相似，帮面基本以大块面分割为主，鞋头有较为坚硬的塑钢结构设计，后跟也有坚硬的稳定结构，鞋底结构比较简单，基本以方形的底花为主，但沟槽都比较深，如图9-20所示。

图9-17　长途穿越鞋的造型

图9-18　长途穿越鞋的鞋底

图9-19　长途穿越鞋的线条特点

图9-20　长途穿越鞋的结构特点

④ 材料特点。

a. 帮面材料：长途穿越鞋的帮面材料基本以防水皮革、防水纤维面料为主，鞋头一般采用硬质的塑钢材料，后跟则采用硬质橡胶，起稳定与保护的作用，中帮至鞋舌部分使用铁扣替代鞋眼孔。

b. 鞋底材料：长途穿越鞋的鞋底材料一般为硬质橡胶，且为一体式设计，少部分为分体式设计，一些高端的穿越鞋鞋底中间会夹有钢片，具有防刺穿的功能。

（2）户外健行鞋

户外健行鞋主要设计为背负较少的1～2天的户外活动，主要为短途跋涉者设计，适用于路况较好、活动强度不大的环境，比如周末游、旅游、野营等活动。此类鞋因为环境状况较好，对于舒适度的要求要比保护功能的要求更高。这类鞋的设计特点是比较舒适、柔软、透气性好等，一般为中帮或低帮设计，即使遇到多变的路面状况和自然环境也可以从容应对。鞋面用羊皮与化纤合成材料制成，鞋底采用胶塑材料，鞋里采用具有一定透气性的化纤材料，由于GOTE-TEX面料应用十分广泛，即使是健行鞋，在雨雪天气也会使穿用者在潮湿的环境中保证脚部的干燥舒适。

① 户外健行鞋的造型特点。户外健行鞋一般为中底帮设计，相对登山靴和长途穿越鞋而言其造型要轻便一些，和篮球鞋差不多，相对其他运动鞋来说还是比较沉稳、厚重的。由于运动环境相对较好，所以健行鞋的鞋头较少使用塑钢设计，一般为橡胶材料，因此鞋头厚度和篮球鞋相似。鞋底为分体式设计，造型细节丰富，如图9-21所示。

② 户外健行鞋的线条特点。户外健行鞋的整体线条比较流畅，帮面线条基本以曲线为主，增加了流线感和运动感，如图9-22所示。鞋底线条也以曲线为主与帮面线条相呼应，有较多短促的小曲线。

③ 户外健行鞋的结构特点。户外健行鞋的结构和越野跑鞋相似，帮面基本以小块面的曲线分割为主，鞋头取消了塑钢结构设计，以橡胶材料替代，后跟稳定结构也取消，而把相应的功能集中在鞋底上，因此户外健行鞋的鞋底结构就比较复杂，基本以分体式设计

图9-21　户外健行鞋的造型特点

图9-22　户外健行鞋的线条特点

为主，鞋底沟槽深度进一步减小，如图9-23所示。

④ 户外健行鞋的材料特点。

a.帮面材料：户外健行鞋的帮面材料基本以羊皮与化纤合成材料为主，鞋头一般采用硬质橡胶材料，后跟和中帮一般为皮革和防水化纤材料，以增加其舒适性，中帮至鞋舌部分使用铁扣或织带替代鞋眼孔，如图9-24所示。

b.鞋底材料：户外健行鞋的鞋底材料一般由硬质橡胶、EVA或MD等构成。鞋底为分体式设计，外底材料一般为橡胶或硬质橡胶，中底材料一般为EVA、MD或PU等，其颜色一般为土黄色、咖啡色、灰色或黑色，如图9-24所示。

图9-23　户外健行鞋的结构特点　　　　　图9-24　户外健行鞋的材料特点

9.2　户外运动鞋的款式结构特点

相对于其他运动鞋而言，户外运动鞋作为一个比较成熟的体系来讲，也不过一二十年的历史。在日常生活中，人们经常将户外运动鞋与登山鞋画等号，其实不然，在这个体系中包含了众多户外鞋款。由于户外运动鞋的种类较多，在此仅以人们日常生活中常穿着的户外健行鞋为例进行介绍，接下来将从其整体造型、帮面款式结构、鞋底款式结构等方面进行讲述。

（1）户外健行鞋的整体造型特点

户外健行鞋的整体造型轮廓上可分为低帮、中帮和高帮。低帮户外健行鞋的整体造型结构和跑鞋较为相似，如图9-25所示；中帮和高帮户外健行鞋的整体造型结构和中帮的篮球鞋较为相似，如图9-26所示。但是不管是低帮、中帮还是高帮的户外健行鞋，因其运动环境的特点，它的材料、工艺、结构设计和功能设计均与其他运动鞋不同。

图9-25 低帮户外健行鞋

图9-26 中帮户外健行鞋

（2）户外健行鞋帮面款式结构特点

户外健行鞋帮面款式结构与跑鞋相似，整体以重复、发射等韵律型结构为主，特别是鞋帮的鞋款更为相似。其帮面部件分割较细，一般由多个部件构成，帮面结构设计上，一般采用呼应、发射、韵律和重复等设计法则，整体线条流畅且动感。传统健行鞋后帮形式一般为双峰或单峰结构，如图9-25所示为单峰结构。近年来，随着飞织技术、无缝超薄热切技术和胶印技术的发展与成熟，健行鞋也随着潮流往一体式帮面发展，用无缝超薄热切技术和胶印替代传统皮革车缝部件。但在户外健行鞋上因特殊的运动场景，目前主要还是以传统车缝工艺的款式结构为主，如图9-27所示。而在一体式帮面的款式结构方面，目前主要以无缝超薄热切技术、胶印技术和传统车缝工艺结构混搭的形态为主，如图9-28所示。

图9-27 传统车缝工艺健行鞋

图9-28 胶印工艺与车缝工艺混搭

（3）户外健行鞋鞋底款式结构特点

户外健行鞋因其对抓地、防滑、耐磨和稳定功能要求较高，因此其一般都为橡胶组合鞋底，也就是由发泡中底和橡胶外底构成。整体款式设计略显复杂，因其对抓地、防滑的功能有较高的要求，所以鞋底花纹沟槽一般比较深，因此其款式设计基本以流畅的小幅度曲线或折曲线来分割。由于户外健行鞋的鞋底以抓地、防滑和稳定为主要诉求点，所以中底材料一般会选择PU、MD、飞龙等密度较高的高分子材料，只有少数底端产品选择EVA材料，如图9-29所示。

外底一般由橡胶材料构成，以提供良好的防滑和抓地效果。户外健行鞋的外底款式设计一般为前后掌连贯式设计。户外健行鞋的外底一般为硬质橡胶或耐磨橡胶，这是因为其所处的环境一般为户外非铺装场地，而非铺装场地一般会有各种坑洼和小石子，这就对户外健行鞋鞋底的抓地、防滑、稳定和耐磨提出更高的要求，所以其外底一般为更强调耐磨、抓地的硬质橡胶或耐磨橡胶材料，如图9-30所示。

图9-29　户外健行鞋鞋底材料　　　　　　　　图9-30　耐磨橡胶外底

此外，户外健行鞋为了满足高强度的户外运动，往往要求其必须具备强大的抗扭转功能、支撑性和较强的稳定性。因此专业户外健行鞋的鞋底往往会使用足型碳纤维TPU来增强其抗扭转的能力，部分鞋款会在中底里插入防刺穿的钢片或碳纤维材料来应对野外恶劣的环境，如图9-31和图9-32所示。

图9-31　足型碳纤维TPU　　　　　　　　　　图9-32　插入防刺穿钢片

9.3　户外运动鞋的款式结构与表现

　　户外运动鞋的细分种类较多，其款式结构差异较大，在此仅以人们日常生活中时常穿着的登山鞋和户外健行鞋等为例进行款式结构与表现的讲解。随着制鞋工艺的发展，现今户外运动鞋的制造工艺主要分为两大类：第一类是传统的车缝工艺户外运动鞋，如图9-33所示；第二类是一体化和半一体化帮面户外运动鞋（应用热熔胶纱线飞织技术、KPU鞋面技术和热熔膜鞋面热压技术的帮面设计），也称为"无车缝工艺"，如图9-34所示；在前文中已经介绍了户外运动鞋的主要特征和款式结构特点，接下来就从户外运动鞋常见的款式结构和表现进行讲述。

图9-33　传统的车缝工艺户外运动鞋

图9-34　半一体化帮面工艺户外运动鞋

9.3.1　传统车缝工艺户外运动鞋的款式结构

　　传统车缝工艺户外运动鞋的款式一般由皮革部件与纺织辅料部件构成，皮革部件主要起到支撑、包裹的作用，纺织辅料部件则是内里面料，起到舒适、保暖和吸湿的作用。户外运动鞋因更强调稳定性与保护性，有部分专业登山鞋款的鞋头和后跟会使用强度更高的TPU或塑钢等材料来强化其保护性。而像户外健行鞋和户外跑鞋等，也因野外环境行走时其鞋头和后跟常会与地面和各种障碍物接触，所以一般使用支撑性更好、更耐磨的橡胶皮革材料，如图9-35所示。

（1）传统车缝工艺户外运动鞋的款式结构特点

　　传统车缝工艺户外运动鞋的款式结构整体比较流畅，部件分割以轻缓、流畅的曲线或直线为主，部件面积较大且较为方正，整体款式结构设计分割和篮球鞋较为相似。此外，大部分户外运动鞋因其有较高的运动强度要求，所以其绑带结构不再使用传统的鞋眼孔，进而取代的是金属扣，以适应其高强度拉力的需求，如图9-35所示。但也有例外，如轻型徒步鞋和户外跑鞋的帮面结构就和慢跑鞋的结构极为相似，基本以流畅的曲线和发射性

图9-35　大块面分割设计

图9-36　发射韵律结构

线条分割为主，这类户外运动鞋经常应用发射韵律结构，具体表现在帮面部件以某一发射点向四周以发射状重复出现，如图9-36所示。

除此之外，重复韵律设计结构和呼应设计结构也经常在传统车缝工艺篮球鞋的款式结构中出现。如图9-37所示为户外健行鞋的帮面部件结构，就是应用了重复韵律结构设计。如图9-38所示为轻型登山鞋的帮面部件造型结构与鞋底部件造型结构，就是应用了上下呼应的设计法则。

图9-37　重复韵律结构

图9-38　呼应设计结构

（2）一体式帮面工艺户外运动鞋的款式结构特点

相对传统车缝工艺户外运动鞋的款式结构而言，一体式帮面工艺户外运动鞋的款式结构要简单一些，但却更具科技感。一体式帮面工艺户外运动鞋的帮面结构一般由皮革、飞织面料、PP薄膜和TPU薄膜构成，如图9-39所示；但并不是所有户外运动鞋都可使用一体式无车缝工艺，通常在长途穿越鞋、登山鞋等对强度和支撑性要求较高的鞋款中一般以半一体式帮面为主，在主要受力部位和需要较强支撑与稳定的部位保留传统皮革车缝工艺。而在轻型徒步鞋和户外跑鞋中则有少数鞋款以一体式无车缝工艺出现。其整体款式结构上与传统车缝工艺户外运动鞋的款式结构基本相似，都以轻缓、流畅的曲线分割为主，也经常应用重复、呼应设计结构和放射韵律结构等款式设计，如图9-40所示。

综上，可以看到不管是传统车缝工艺还是无车缝工艺的户外运动鞋，其帮面款式结构、材料与工艺基本相似，但其与其他运动鞋最明显的差异还是在颜色的搭配上，户外运

图9-39 皮革面料和PP薄膜组合

图9-40 重复韵律结构设计

动鞋的配色一般与其所处的环境相似，从帮面到鞋底基本以棕色、卡其色、军绿色、橄榄绿、土黄色和灰色等颜色为主。

9.3.2 户外运动鞋的设计与表现

户外运动鞋手绘线稿绘制的步骤（前面3个步骤基本一致，此处不再赘述）：

① 根据户外运动鞋鞋底侧面的比例确定其大概位置，并绘制出鞋底侧面的轮廓；然后确定鞋头厚度的大概位置 E_2 点，作 $E_1E_2 \approx 1/5E_1L_1$；作 $F_1F_2 \approx 1/4F_1K_1$，通过 F_2 点作 $F_2F_3//E_1F_1$，并使 $F_2F_3 = 3/5E_1F_1$，得到 F_3 点为口门位置点；作 $J_1R \approx 1/4J_1K_1$，得到 R 点为鞋舌的关键点；再根据领口的弧线确定其关键点的大概位置为 P_2 点，如图9-41所示。

② 弧线连接 M_1、E_2、F_3、R 为跑鞋的背中线；弧线连接 F_3、F_2、J_1、P_2 为跑鞋的帮面弧线；弧线连接 P_2、X_1 为跑鞋的后弧线。至此，跑鞋的造型轮廓就绘制出来了，但别忘了

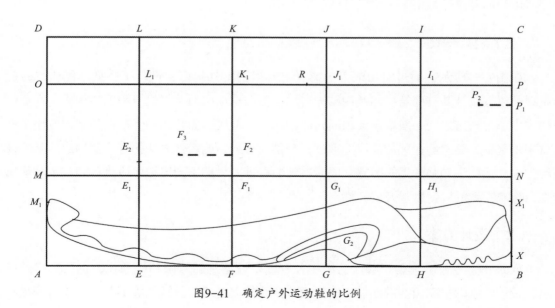

图9-41 确定户外运动鞋的比例

要为领口增加2～3mm的厚度。最后，为户外运动鞋绘制出帮面和鞋底的结构。最终款式结构效果如图9-42所示。此外，步骤①的外轮廓仅具有参考的作用，并非固定格式，实际设计中，在结构比例准确的前提下，可根据需要进行造型和轮廓的调整。

图9-42　最终款式结构效果

9.3.3　户外运动鞋设计案例

◆ 设计主题：自然韵律（该案例设计者：19级服装与服饰设计专业——张琦）

此案例从自然界的生物体中获取独有的形态与结构，并通过观察与分析从而为设计作品提供灵感的启发。将大自然中云雾缭绕、层峦叠嶂的美丽线条，山川河海中沁人心脾的美感与律动的线条运用在户外运动鞋的设计中。同时，在户外运动鞋的款式结构设计时融入了三星堆中富有文化积淀和未感知的面具元素，使设计的鞋款更具文化内涵。

（1）设计素材

如图9-43所示，选择了大自然中山脉、梯田和沙漠中流畅的线条结构，还有日常生活中人造的具有流畅感和韵律感的线条结构作为此案例的主要素材。素材中所展现的大都是流畅感、韵律感较强的线条结构，也有一些封闭型的回形纹结构，但都极具美感。这为即将设计的溯溪鞋提供了结构设计流畅的基础。

（2）设计草图

如图9-44所示，通过对山河等灵感素材元素的室外提取，进行了序列草图构思，此系列溯溪鞋设计其鞋底结构和帮面结构采用了平面构成中的重复构成和近似构成。在近似构成中单位形态之间一般要求大求同，而小求异。鞋底侧面轮廓和镂空造型结构应用了素材中不规则、具有韵律感的曲线造型进行分割与排列，此设计方法符合近似构成的基本设计方法，达到了较强的形式美感。同时在细节设计时考虑了溯溪鞋所应具备的基本功能属性，确保穿着的舒适度以及安全性。

（3）设计方案

款式一为专业溯溪鞋，鞋款的结构分割以及造型更加夸张和概念化，也更具户外风格，设计元素取自于山峦的曲线，通过山峦曲线的流畅感与跳跃性等细节，来丰富溯溪鞋

图9-43 设计素材

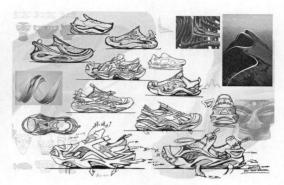

图9-44 设计草图

的款式结构特点。设计时其鞋底采用简约的大块面设计，这与帮面结构的多层次穿插形成对比，使得鞋款更具视觉冲击力，牢牢抓住消费者的眼球。作为专业溯溪鞋，采用了发泡中底以及可形变软质TPU镂空来提升鞋底的缓震性能，鞋款在受力时镂空TPU可进行形变，起到分散力的作用，同时大面积的镂空可以减轻溯溪鞋的重量，从而减轻消费者穿着时的负担。此鞋款侧面的镂空设计也有助于排水，同时镂空处应用了高密度的超细海绵，可阻挡泥沙随流水灌入鞋中，提高了穿着的舒适性以及旅行的体验感，如图9-45所示。

款式二为一鞋多穿溯溪鞋，这款鞋鞋底侧面的形态灵感来源于山峦层层叠嶂，加以镂空设计，既可以形成排水系统，又可以减轻鞋子的重量。通过一鞋多穿作为可以提升鞋子设计感的同时又可以做到节能环保，一举两得。一鞋三穿的溯溪鞋也极大地做到了户外游玩时的轻装上阵，一双鞋顶上三双鞋。其结构由袜套、鞋垫和鞋外壳组成，袜套可以根据个人喜好自由购买，鞋外壳可以长时间循环利用，也减少了户外运动者对于鞋子的适应成本，提升消费者的使用体验。在进行涉水运动时，可以穿着袜套，将鞋壳挂在背包上，运动完可以替换袜套穿着，如图9-46所示。

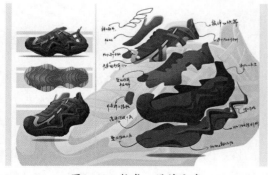

图9-45 款式一设计方案

图9-46 款式二设计方案

款式三为都市溯溪鞋，人们渴望拥抱自然和在城市生活中融合到自然，逐渐地诞生出户外风与都市户外风两种风格，把户外功能性的结构融入日常服装里，从而渐渐衍生出能自由切换城市和户外。灵感来自自然中云雾元素，融合抽象主义设计风格，鞋底侧面绘制出云雾缭绕的感觉，鞋底底花采用耐磨防滑橡胶，增强抓地力，鞋底花纹粗大，增强户外场景适应能

图9-47 款式三设计方案

力；鞋面采用双层组合，用松紧带代替鞋带，增加溯溪鞋的穿脱便捷性。鞋面动态飞线提升鞋面的包裹性，使脚与鞋面更好地贴合，防止力量分散，增强鞋的保护性能，降低在出行过程中受伤的风险，如图9-47所示。

（4）效果图绘制

绘制效果图时，在草图方案的基础上优化了工艺细节，丰富了帮面材料质感，帮面材料肌理采用具有未来感的蜂窝状纹理，增强溯溪鞋的立体感与速干性；在颜色的选择上，选取了溯溪运动环境中常见的颜色，以灰色为主色调，浅灰色为辅助色，中黄和深蓝色为点缀色，使整体视觉感受既稳重又能体现出此设计与溯溪运动的联系，如图9-48和图9-49所示。

图9-48 效果图绘制（1）

图9-49 效果图绘制（2）

（5）设计方案展望

此案例设计的创新点：其一为一鞋多穿，提升鞋子设计感的同时又可以做到节能环保。其二是通过自动系带系统可调节自动系带装置在鞋面的包裹性，提升消费者的穿着体

验以及包裹需求，使该运动鞋可以适应更多的场景，面对不同的场景给消费者带来不同的包裹体验，该装置还可以连接手机进行运动模式以及休闲模式的切换，进一步提升该装置的实用性以及便捷性，同时鞋款具有未来主义设计风格，展现了设计者对未来制鞋科技的展望，如图9-50所示。

图9-50　设计方案海报

附录1 设计案例解析

（1）篮球鞋设计——脸谱

附图1 篮球鞋设计

● 作品名称：花脸

设计构思：创作灵感来自国粹——戏剧中的脸谱，它是中国传统文化的瑰宝。脸谱作为戏剧中的亮点，它是传统文化和传统图案的经典组合。此设计借助了其优美的造型和曲线重新分割了鞋面，使脸谱融入帮面部件中，使鞋子具有深厚的传统文化的韵味和民族特色。

① 设计素材。京剧脸谱——花脸，如附图2所示。

② 简化素材。可根据鞋类产品的特点进行简化，如附图3所示。

③ 概括素材。设计素材太复杂或者太琐碎时，需要进行归纳与概括，对其细节进行取舍，如附图4所示。

④ 提炼素材。对概括好的素材进一步提炼，提取需要应用的部分即可，如附图5所示。

附图4 概括素材

附图5 提炼素材

附图2 设计素材

附图3 简化素材

⑤ 设计草图。结合素材的特点和篮球鞋的结构特征，进行序列草图的绘制，如附图6所示。最终确认的草图方案如附图7所示。

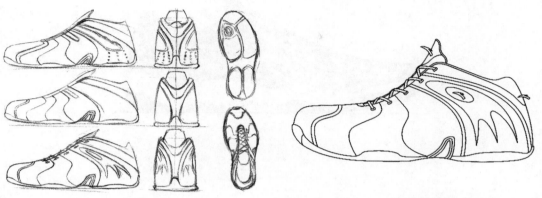

附图6 设计草图　　　　　　　　　　　附图7 最终确认的草图方案

将提取的素材应用到篮球鞋的结构中，综合效果（包括主要视图、辅助视图和其他说明）如附图8所示。

首届中国鞋都（晋江）—— 海峡两岸大学生运动鞋设计大赛

■ 作品："花脸"　　　■ 传统文化再现

创意说明：

　　设计灵感来源于国粹——中国传统戏剧中的脸谱。

　　戏剧是中国传统文化的瑰宝，它使人们文化生活更加丰富、充实。作为戏剧中的一个亮点——脸谱，它是传统文化和传统图案的经典组合。此设计借助其造型和优美的曲线重新分割了鞋面，使整个脸谱融入帮面的部件中，使鞋子既富有传统文化的韵味，又具有深厚的内涵和民族特色。

Keep Moving……

附图8 综合效果图

（2）李宁羽毛球鞋——AYAD007（此案例来自"我爱鞋狂"，如附图9所示）

附图9　羽毛球鞋设计

● **作品名称：AYAD007**

设计构思：创作灵感来自宇航服的结构和建筑线条，宇航员的太空服分为6层，每层都有各自的功能。将鞋面的功能性进行分层：鞋面外层，根据人脚结构，将建筑线条中创新的结构引入到产品中，并通过TPU射出工艺将其形状能与脚完全贴合，强化产品的包覆性；而内层大面积网布，基于TPU材料的特性——极强的抗松懈能力，可以在内层使用更多的网布，强化产品的透气性。

① 设计素材。宇航服的结构和建筑线条，如附图10和附图11所示。

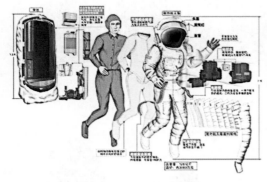

附图10　宇航服结构

附图11　建筑线条

② 设计草图。主要根据宇航服结构的分层概念和建筑的线条结构，进行草图构思和功能的设计，如附图12至附图14所示。

③ 帮面的设计上使用创新的TPU射出工艺，率先在羽毛球领域内使用TPU射出工艺，使鞋面获得与皮料相比更高的强度和更低的延伸率，增强包覆性，提升使用寿命，从

　　而解决皮料穿久后会发生松懈的问题。鞋底的设计上，根据羽毛球运动的特点进行设计，足弓部位的支撑结构与弯折沟相连，在横向移动时提供更好的止滑性。中底则采用内置碳纤、外置TPU支撑结构。底部碳纤支撑面积更大，在前场蹬跨步时，提供良好的力传导，有效抑制鞋在足弓位置的形变，如附图15所示。

　　最终效果图和量产产品如附图16和附图17所示。

附图12　设计草图（建筑线条的应用）

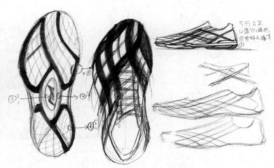

附图13　设计草图（帮面与鞋底的设计联系）

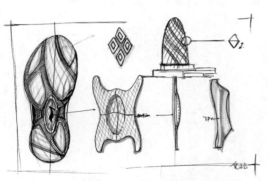

附图14　设计草图（鞋底功能部件解剖）

附图15　帮面与鞋底的设计

附图16　最终效果图

附图17　量产的AYAD007

附录2　作品欣赏

附图18　水粉表现（作者：林秋燕　05鞋类设计与工艺）

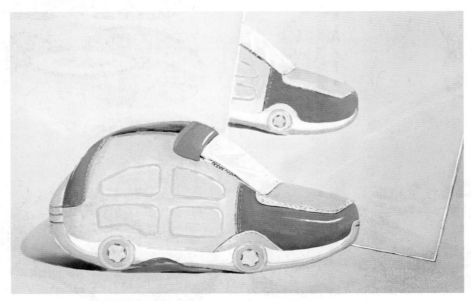

附图19　水粉表现（作者：谢俊溪　05鞋类设计与工艺）

附图20　水粉表现

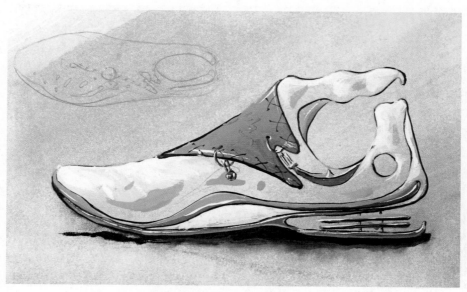

附图21　水粉表现（作者：周晖　05鞋类设计与工艺）

附图22　水粉表现

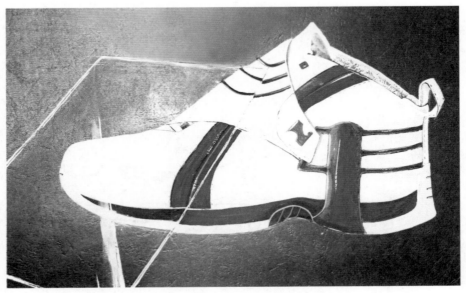

附图23　水粉表现（作者：谢俊溪　05鞋类设计与工艺）

附图24 水粉表现（作者：周晖 05鞋类设计与工艺）

附图25 彩色铅笔表现（作者：刘建峰 05鞋类设计与工艺）

附图26 铅笔表现（作者：黄建光 05鞋类设计与工艺）

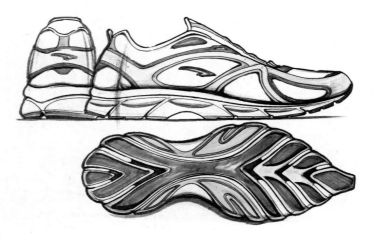

附图27　马克笔表现（作者：钟毅　07鞋类设计与工艺）

附图28　马克笔表现（作者：陈汉茂　07鞋类设计与工艺）

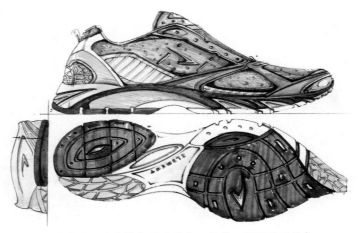

附图29　马克笔表现（作者：杨芳　07鞋类设计）

附图30 马克笔表现（作者：刘飞飞 07鞋类设计）

附图31 马克笔表现（作者：唐樱 07鞋类设计）

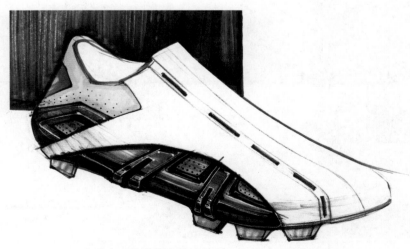

附图32 马克笔表现（作者：杜伟 07鞋类设计）

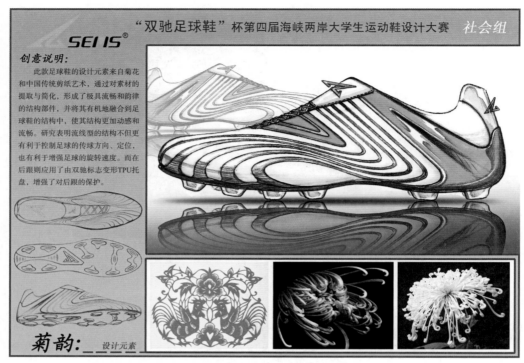

附图33　足球鞋综合表现（作者：杨志锋）

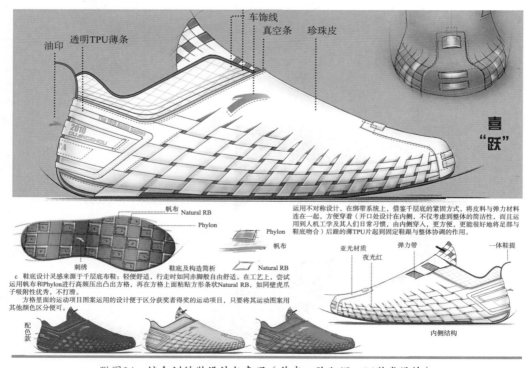

附图34　综合训练鞋设计与表现（作者：陈淑辉　06鞋类设计）

附图35 综合表现（作者：郑瑞发 06鞋类设计）

附图36 电脑辅助表现

附图37　足球鞋设计与表现（作者：杨志锋）

附图38　电脑辅助表现

附图39　电脑辅助表现

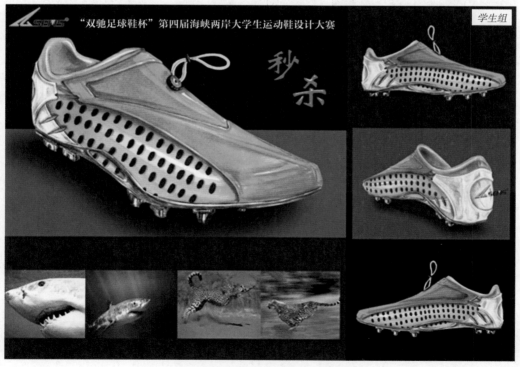

附图40　综合表现（作者：蔡超群　07鞋类设计）

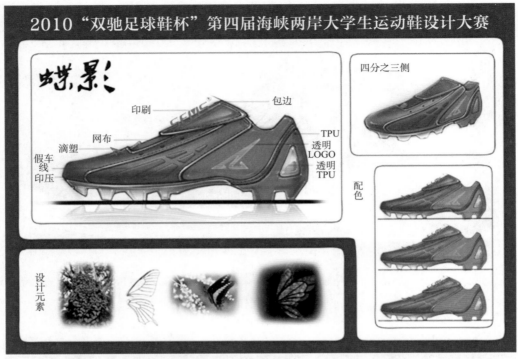

附图41　综合表现（作者：杜伟　07鞋类设计）

附图42　综合表现（作者：郭小伟　07鞋类设计）

附图43 电脑辅助表现

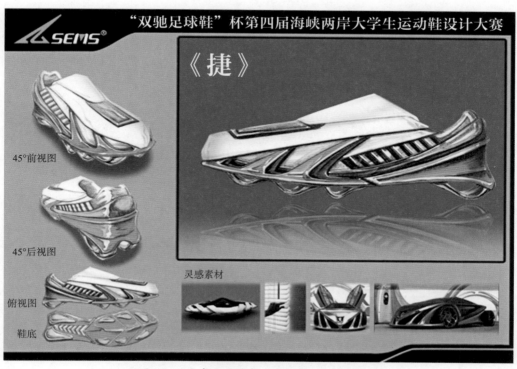

附图44 综合表现（作者：黄剑雄 07鞋类设计）

参考文献

[1] 杜少勋. 运动鞋及其设计 [M]. 北京：化学工业出版社，2004.

[2] 杨志锋. 鞋样造型设计与表现 [M]. 北京：中国物资出版社，2010.

[3] 黄少青. 运动鞋设计与手绘表现技法 [M]. 北京：中国轻工业出版社，2013

[4] 陈念慧. 鞋靴设计学 [M]. 3版. 北京：中国轻工业出版社，2021.

[5] 丁绍兰，马飞. 革制品材料学 [M]. 2版. 北京：中国轻工业出版社，2019.